KB144287

초신성의 후예

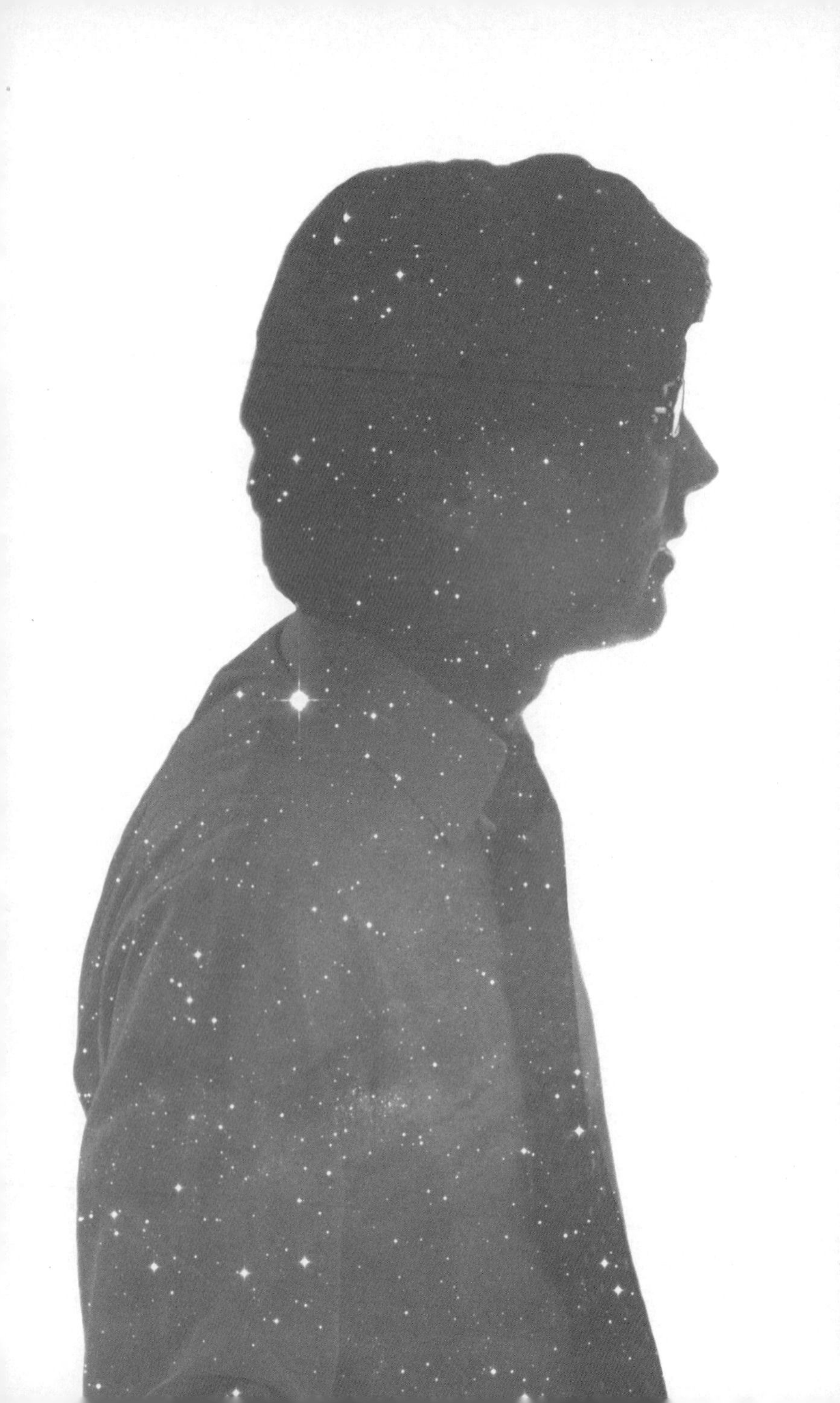

이석영

초신성의 후예

나는 천문학자입니다

내 아내 혜정에게 이 책을 바친다.

머리글

눈을 감아도 그가 날 보고 있음을 느낄 수 있다. 눈꺼풀을 온통 오렌지빛으로 만들며 내 감은 눈을 무색케 만드는 것은 바로 태양이다. 눈을 뜨고 있을 땐 미처 몰랐는데 눈을 감고 해바라기를 하니 그 온기가 유별나다. 아, 왜 몰랐을까, 나를 있게 한 그 고마운 태양의 존재를.

하루의 치열한 삶을 이젠 잠시 내려놓으라고 밤이 내린다. 낮을 군림하던 태양이 자리를 비운 동안, 늘 거기 있던 별들이 알아주지 않은 서운한 마음에 더욱 뽐내듯 그 자태를 드러낸다. 아, 왜 몰랐을까, 나와 태양을 있게 한 오묘한 우주의 조화를.

눈을 감을 때, 마음이 열린다. 우주가 나를 위해 울리는 음악이 비로소 들리기 시작한다. 이런 따사로운 경험은 연구실에선 어림없다. 오랫동안 벼르던 논문을 하나 마무리 짓고, 상큼하고도 두려운 마음에 늘 가는 카페에 들른다. 내가 올 것을 마치 미리 알고 있었던 것처럼 따뜻하게 덥혀진 잔에 증기 기관차의 수증기와 같은 소리가 카푸치노를 내놓는다.

아 바로 이거야. 몇 달 동안 내 머리를 장악했던 거대 은하 형성에 관한 연구를 말도 안 되는 글로 학술지에 뱉어 낸 후 지금 내게 필요한 것은 나를 반기는 작은 카페와 잠깐의 사색. 거기에 나와 같이 삶과 우주를 궁금해 하는 말동무가 하나 있다면 더할 나위 없이 좋다.

나는 가끔 천문학을 천-'문학'이라고 뒤를 강조해 부른다. 과학인 천문학에 문학적 요소가 있다는 말을 하고 싶은 것이다. 결국 과학과 문명의 목표는 '더 나은 삶'이 아닐까. 그리고 더 나은 삶이란 더 인간다운 삶이다. 내가 누구인지 아는 삶. 내가 어디서 왔는지 아는 삶. 나의 역할을 아는 삶. 나의 인격을 지켜 주는 삶. 나는 하늘을 보며 거기에 새겨진 나를 본다. 우주를 연구하며 그 우주의 일부인 나를 알아 간다. 그리고 나의 존재와 역할을 발견해 나간다. 사람들은 각기 다른 우주를 경험하며 살아간다. 그런데 내 우주는 어! 진짜 우주다.

이 책에 있는 글들은 거의 대부분 나의 일기이다. 내가 과학을 하다가 느낀 것들, 그 과정 중에 저지른 실수들, 뭐 그렇고 그런, 남들에겐 별일 아니지만 내게는 기억에 남는 소소한 이야기들이다. 초등학생 때라면 모를까, 일기는 다른 이들에게 읽힐 것을 목적으로 쓰이지 않는다. 그런 글이다 보니 지나치게 개인적이거나 논리의 근거가 빈약한 개똥철학인 경우가 많다. 이 책이 열어 놓은 카페에 들어와 내 글을 읽다가 실망할 분들에게 미리 고개 숙여 사과의 말씀을 드린다.

2012년 한 해 동안《과학동아》에 연재한「어린왕자의 우주일기」와《동아일보》와《연세소식》,《좋은생각》에 실린 글 몇 편도 약간 수정을 거쳐 이 책에 재등장시킨다. 내 일기를 처음 세상에 선보이도록 강력 권유한《과학동아》김상연 기자가 이 책이 태어나는 데 작지 않은 기여를 한 셈이다.

이 책의 많은 글이 내 아내와의 수없는 노본으로부터 큰 영향을 받았다. 아내 혜정에게 감사한다. 그리고 이 책의 마무리 작업이 진행되는 동안 나를 환대해 준 영국 노팅엄 대학교에 감사를 표한다.

이석영

일러두기

●표시는 사진에 대한 이야기, +표시는 더 생각해 볼 이야기를 다루고 있습니다.

차례

1부

나의 우주는 눈을 감으면 더 잘 보인다

나는 별 볼 일 있는 사람이다

천문학자인 내게 사람들이 종종 우스갯소리를 엮어 말한다. 별 볼 일 있는 분이시네요. 그럼 나는 웃고 만다.

1996년에 햐쿠타케 혜성이 지구에 매우 근접해 다가온 일이 있었다. 4킬로미터 크기의 이 혜성이 만일 지구를 강타하게 된다면, 지구는 6500만 년 전 소행성과의 충돌로 공룡을 포함한 대다수 생물이 멸망하게 된 것과 같은 절멸을 다시 겪게 되었을 수도 있다. 1996년 당시 미국에서 박사 학위 연구를 거의 마치던 나도 자연히 관심을 갖게 되었다. 또한 아내에게 내 연구 분야의 흥미로운 사건을 설명해 주고도 싶었다. 차를 타고 근처의 어두운 지역으로 갔다. 이 혜성은 북극성 근처에 있다고 하고, 망원경 없이도 볼 수 있을 정도로 밝다고 해 용기백배

해 나갔다. 그런데 30분이 지나도 찾을 수가 없었다. 하늘에 별은 왜 이렇게 많은지. 정말 창피한 것은, 내가 북극성도 확신을 가지고 찾을 수가 없었다는 것이다. 별이 띄엄띄엄 있는 도시에선 쉬웠는데 ……. 결국 포기하고 처참한 마음으로 집에 돌아오다가 근처 대학에서 일반인을 대상으로 혜성 관측을 도와주는 사람들을 만나게 되었다. 천문학도임을 숨기고, 달보다 더 큰 그 혜성의 꼬리에 감탄을 하며 햐쿠타케 혜성을 감상했다.

나는 천문학자이지만 사실 별 볼 일이 별로 없다. 내 연구는 대부분 이론 연구이기 때문이기도 하지만 내가 눈에 보이는 것보다는 눈에 안 보이는 것에 더 관심이 많기 때문이기도 하다. 대학 때는 내가 하도 공상을 많이 해 나 스스로 "공상의 왕"이라고 불렀을 정도이다. 잠깐 공부를 하면 꼭 그만큼 공상을 하곤 했다. 우주 공간은 무엇일까? 진공도 에너지가 있을까? 나는 앞으로 이런 것들을 알게 될까? 그렇게 되려면 내일, 그리고 내년엔 무엇을 해야 할까? 공상의 날갯짓은 흥미진진하고 한이 없다.

"보는 것이 믿는 것이다."라는 속담이 있다. "백 번 들어도 한 번 보는 것만 못하다."라는 속담도 있다. 보는 것이 그렇게 확신을 준다는 것이다. 하지만 나는 세상과 우주가 꼭 눈을 떠야만 보인다고 생각하지 않는다. 눈으로 무엇을 본다는 것은 빛이 그 물체에 반사되어 내 눈에 들어온다는 것인데, 인간의 눈은 감마선, 엑스선, 자외선, 가시광선, 적외선, 전파 등 무한대로 펼쳐져 있는 빛의 영역 중 극히 일부에 해당하는 가시광선만을 인지할 수 있다. 예를 들어 우주에 가장 흔한 수소 기체의 존재를 알리는 전파도, 블랙홀의 증거를 우리에게 전달하는 엑스

선도 우리 눈은 볼 수가 없다. 뿐만 아니라 우주에 있는 물질의 대부분을 차지하는 것으로 알려진 암흑 물질은 빛을 반사조차도 안 한다니, 그 발견에 눈은 아무 쓸모가 없다. 그러면 이렇게 제한된 정보만을 볼 수 있는 우리 눈의 능력으로 우주와 삶 전체에 대한 지각이 가능할까?

억지라고 들리겠지만 난 가끔 내 학생들에게 말한다. 최소한 내 우주는 눈을 감을 때 더 잘 보인다고. 우주가 어떻게 시작이 되었을까? 어떻게 뜨거운 초기 우주에서 물질의 근원이 만들어졌을까? 식어 가는 우주 속에서 어떻게 은하와 별들이 태어났을까? 별의 최후는 어떤 모습일까? 이 모든 것들의 순환 과정을 알 수 있을까? 물론 완벽한 진실은 결코 알 수 없겠지만 과학과 이성의 눈으로 상상이 가능하고, 이는 억지를 통해서가 아닌 논리를 통해 검증되어 간다. 「실락원」과 「실명의 노래」로 유명한 17세기 영국의 시인 존 밀턴은 실명을 하게 된 이후 비로소 신의 뜻을 볼 수 있게 되었다고 하지 않았던가?

현대 사회는 눈을 자극하고 눈에 호소한다. TV에는 스토리보다 눈을 자극하는 영상이, 책에는 글씨보다 그림이, 사람 간의 관계에는 느낌보다 드러난 것이 더 중요하게 대두되는 경향이 있다. 쉽게 눈에 띄는 것이 진실을 가릴까 염려된다. 감은 눈에 맺힌 우주도 보이는 것이라고 인정한다면, 나도 별 볼 일 있는 사람이다.

+

「다이하드」로 일약 스타덤에 오른 존 맥티어넌 감독은 사실 그보다 전 1987년에 「프레데터」로 세상을 공포에 떨게 했다. 후에 미국 캘리포니아 주 주지사까지 역임한 전직 보디빌더 아널드 슈워제네거가 주인공을 맡은 이 영화엔 부시

무시한 외계인이 등장하는데 그가 프레데터(약탈자, 포식자)이다. 나는 이 영화를 극장에서 봤는데 이미 과학도인 내게 매우 흥미로운 장면이 있었다. 우람한 근육질의 특수 부대 지구인들을 하나씩 사냥하는 프레데터가 최후의 생존자인 주인공을 쫓는다. 주인공이 도망을 치다가 결국 발을 헛디디고 진흙 구덩이 속으로 빠진다. 미끄러운 진흙 구덩이 속에서 버둥대다가 결국 탈진해 프레데터 앞에서 무방비로 놓인 주인공. "아 영화가 이렇게 끝나는가."라고 난감해 하는 관중들 앞에서 희한한 일이 벌어진다. 프레데터가 바로 앞에 있는 주인공을 못 본다. "어떻게 된 거야?" 여기저기서 수군대는 소리. 상상력이 뛰어난 영화감독이 외계에서 온 프레데터가 지구인들과는 달리 가시광선이 아닌 적외선으로 사물을 본다고 설정한 것이다.

가시광선이 주로 1000도 이상의 고온의 빛을 나타내는 반면, 적외선은 우리 체온과 같이 낮은 온도의 빛을 나타낸다. 프레데터는 적외선으로 지구인, 동물, 따뜻한 물 등은 풀숲 뒤에 위장을 하고 숨어 있더라도 잘 찾아낼 수 있었지만 진흙으로 완전히 덮여 체온을 감춘 주인공은 발견하지 못한 것이다. 이를 눈치 챈 주인공이 이 순간 이후로 어떻게 반격을 했는지는 상상이 가능하다. 훗날 영화의 속편에서 프레데터는 한층 진보한 모습을 보인다. 미리 세팅되어 있는 감지기의 적외선 파장으로 적을 잘 찾을 수 없을 경우 팔뚝에 있는 기기를 사용해 파장을 자유롭게 바꿀 수 있게 된 것이다. 이거야말로 정말 가공할 만한 능력이 아닌가.

가시광선이나 적외선이나, 실제 존재하는 빛의 파장 영역의 극히 일부에 지나지 않는다. 천문학자들은 보이지 않는다고 존재하지 않을 거라고 생각하지도 않고, 보인다고 꼭 존재할 것이라고 생각하지도 않는 대표적인 의심 많은 과학자 집단이다. 그래서 우주와 자연의 참모습 전체를 이해하기 위해, 감마선,

엑스선, 자외선, 적외선, 전파 등의 빛과, 심지어 중력장, 뉴트리노 등 다양한 현상을 관측함으로써 천체를 연구한다.

우주 속의 나

나는 최근에 중한 병에 걸렸다는 판정을 받고 그 전엔 몰랐던 복잡한 삶의 모습을 목격하게 되었다. 처음엔 아내가 아파서 병원에 함께 간 것이다. 내 아내를 꽤 염려한 의사는 평소 나와 함께 노래하는 동료이기도 했는데 아내를 안심시키기 위해 내게도 동일한 검사를 받도록 강권했다. 조금 복잡하고 몸도 불편해지는 검사여서 잠시 망설였지만 까짓것 이렇게 해서 내 아내가 조금이라도 위안이 된다면 하고 승낙했다.

내시경 검사를 하는 의사가 검사를 너무 길게 한다 싶었다. 의학 전문 용어를 영어로 섞어 의사 두 분이 상의를 하는데 아뿔싸 나는 외국에서 14년을 산 후 이젠 영어도 조금 들리지 않던가. 암이란다. 일주일만에 일사천리로 수술을 하고 이젠 새 사람이 되었다. 사람이 정말 웃긴다. 수술할 땐 살 수 있길 바랐는데 회복기가 되니까 밥 언제 먹을 수 있나, 평소 좋아하던 감자탕도 먹을 수 있을까가 최고의 관심사가 되더라. 감자탕은 아직 못 먹는다.

집에 와서 곰곰이 생각해 보니, 고마운 사람들 얼굴이 두둥실 아른거린다. 처음 내 아내의 병을 발견하고 제 일인 양 치료에 박차를 가한 의사 선생님, 그날 계획된 내시경 검사를 이미 끝내고 청소까지 다 한 후, 그래도 나를 들여다봐 준 의료진, 수술 후에도, 일요일 밤 병문안도 끊길 시점에 병실을 찾아와 퉁명스러운 목소리로 그러나 더없이 자상한 행동으로 내 안위를 돌봐 준 집도의, 다들 내 학생들에게 소개시켜 주고 싶을 정도로 상냥하고 환자를 위하는 간호사들, 평소 내게 말 한마디 못 걸다가 병문안 와선, 병실구석에서 내 얼굴을 피하며 눈물을 흘리던 지인들, 그리고 이 모든 순간을 나보다 더 힘들어 하던 내 아내와 식구들. 생각나는 대로 감사를 표시하려다가 문득 이전에 알지 못했던 것을 깨닫게 되었다.

이 분들은 모두 자신의 위치에서 자신이 할 수 있는 일을 자신의 능력이 닿는 대로 행동했다. 의료진들에게 내가 특이했을 망정 특별한 환자는 아니었을 테고, 지인들에게 내가 평소에 잘 대해 드린 기억은 전혀 없었다. 그분들에게 내가 되돌려 줄 수 있는 것도 없었고, 그냥 그분들은 자신의 자리에서 자신의 역할을 했는데 내겐 잊을 수 없는 고마운 경험이 되었다. 문득 십수 년 전 마드리드에서 손가락을 다쳤을 때, 말도 안 통하는 나를 정성껏 병원으로 인도한 호텔 종업원에게 후에 감사의 표시를 하려 하자 그가 손사래를 치며 도망했던 것이 기억난다. "인간적"인 행위에 값을 매길 수는 없지 않은가.

"우리는 어디서 왔는가, 우리는 무엇인가, 우리는 어디로 가는가"는 가장 오래되고 본질적인 질문이다. 우주와 자연의 원칙을 자세히 들여다볼 기회가 있는 내게, 이 질문은 너무도 심오하게 다가온다. 우리의 존재는 그 자체가 기적과 같다. 인간의 몸을 구성하는 물의 기본 원소인 수소는 우주가 빅뱅 후 처음 수 분 동안 만들어 낸 것이고, 그 외 나머지 원소는 모두 그 후에 우주의 별이 만든 것이다. 지구에 우리가 태어나고 존재하기 위해서 먼저 태양이 반드시 태어났어야 했고, 태양계에 생명력이 있기 위해선 반드시 수소, 헬륨 이외의 온갖 원소를 만드는 (지금은 이름도 기억되지 않는) 무거운 별들이 과거에 존재했어야 했다. 이 별들의 탄생을 위해 우리 은하가 존재해야 했고, 우리 은하의 존재를 위해 암흑 물질이 집을 만들어야 했으며, 암흑 물질의 운동을 위해 우주 태초에 물질 밀도의 불균일이 필요했다. 우주에 우리 말고 다른 외계 생명체가 존재하는지 나는 알지 못하지만 오로지 우리만 이 광활한 우주에 존재한다 하더라도 반드시 이 모든 복잡한 과정이 꼭 필요했던 것이다. 나 하나의 존재를 위해 실로 전 우주가 일을 했다고 해도 과언이 아닌 것이다.

사람이 자기의 역할을 찾거나, 혹은 운명 같은 것을 믿지 않는다면 그 역할을 스스로 결정해 그에 맞게 살아가는 것은 참으로 숭고한 것이다. 그것이 작은 것일 수도, 큰 것일 수도 있다. 하지만 필요 없는 역할이란 거의 없다. 이런 생각을 해 본다. 최소한 물리적인 우주의 경우엔, 각 천체가 자기의 역할을 한 것만으로 고귀한 생명을 낳았다. 우리 사회는 어떨까? 가끔 어떤 이들의 고결한 행위가 신문에 실린다. 보통 사람의 용기를 뛰어넘는 그런 일들 말이다. 그런 분들은 위인전의 한 부분을 장식하고 많은 어린이들에게 꿈과 이상을 준다. 하지만 보통 사람들이 꼭 그런 삶을 살려고 기를 쓸 필요는 없을지 모른다. 마치 우주가 각기 맡은 일을 충실히 한 것으로 충분한 것처럼, 사회도 대부분은 그럴 것이다. 부모는 자식의 올바른 성장을 위해 건전한 노력을 기울이고, 자녀는 아직 잘 알지 못하는 삶을 충실히 배워 멋진 삶을 꾸려가도록 준비할 것이다. 의사는 환자의 생명을 위해 힘을 쓰고, 가전제품을 만드는 사람은 소비자가 믿고 쓸 수 있는 물건을 만들고, 음식점에선 내 가족이 건강하고 맛있게 먹을 수 있는 음식을 만들고, 정치인들은 국민을 위해 일하고 …… 자기 일에 충실하지 못하면 그걸 만회하기 위해 안간힘을 쓰게 된다. 아들의 도리를 잘 못하는 나는 어머니께 용돈을 드려 죄책감을 달래려 하고, 소비자를 위한 물건을 부실하게 만들어 큰 이익을 누린 사장님은 사회에 기부를 해 스스로를 속인다. 하라는 정치는 잘 못하면서 자기에게 합법적으로 주어진 월급을 포기하는 일부 정치인들의 제스처는 그 고마운 진심을 느끼기에 뭔가 부족하다. 우리가 우리 역할에 소홀할 때 땜질용으로 하는 행위는 감동을 줄 수 없다.

나의 역할은 무얼까? 나를 먼저 정의해 보자. 시민, 아들, 형제, 가장, 남편, 교수 ……. 캠퍼스를 가로질러 강의실에 갈 때엔 아직 몸이 많이 무겁고 두 시간 연강이라도 하려면 등줄기에 땀이 흐르지만 내 강의를 눈 동그랗게 뜨고 들어 주는 미래의 주인공들을 보면 내가 오늘도 내 역할을 했나 질문하게 된다. 행복하고 무겁다. 전에 볼 수 없었던 것을 보아서.

라슨 교수 대 이석영

어제 중학교 1학년 어린 학생이 찾아와 내가 어떻게 천문학자가 되었는지 설문을 했다. 어릴 적 동방박사 이야기에 매료되던 것, 우주의 팽창 역사를 설명하는 빅뱅 이론, 빛조차도 빠져나올 수 없는 블랙홀 등, 생각의 한계를 넘나드는 학문에 대한 막연한 동경에 대해 두서없이 대답했다. 그런데 질문 하나가 나를 멈추어 생각하게 만들었다. 오늘 학자의 위치에 오기까지 가장 어려운 점은 무엇이었나요? 답을 하다 보니, 어느덧 20년 전 미국 유학 시절로 시간의 화살이 돌아간다.

나는 초등학교 때 신문 기사를 읽은 후 갖게 된 꿈을 따라 미국 예일 대학교에서 박사 학위를 받았다. 어린 나이에 더 어린 아내를 이끌고 유학길에 오른 나는 부모와 떨어지며 엉엉 소리 내 우는 아내에게,

걱정 마, 꼭 훌륭한 학자가 되어 자랑스러운 남편이 되겠노라 큰소리를 탕탕 쳤다. 그런데 고풍스러운 예일에서 발견한 내 참 모습은 부끄럽기 그지없었다. 거기서 나는 내 생애 가장 명석한 학자를 만나게 되었는데 그가 리처드 라슨 교수이다. 그는 그의 논문에 대한 통산 피인용 횟수가 1만 회 이상을 기록하는 세계에서 다섯 손가락 안에 드는 천문학자이다. 은하 형성 이론의 창시자인 라슨 교수의 명성은 익히 들어 알고 있었다. 사실, 나는 유학을 떠나기에 앞서 그의 논문을 거의 모두 읽었다. (이해는 전혀 못했다.) 그런데 직접 만나서 보니 나와는 근본적으로 다른 사람이었다. 명석한 것뿐 아니라, 생각의 깊이나 자연을 대하는 자세가 나와는 차원이 달랐다. 하루는 그가 걸어서 퇴근하는 모습을 길 건너서 보게 되었는데 100미터쯤 가다가 하늘을 보고 잠시 생각하고, 또 한동안 가다가 나무 잎사귀를 한참 들여다보고. 만일 그가 과학자가 되기 위해 태어난 사람이라고 정의된다면 나는 아니었다. 이러한 깨달음은 나름대로 훌륭한 학자가 되기 위해 첫발을 내딛는 천문학도에게 쓰리고 처참했다. 그 후 한두 해 동안 나는 과연 내가 태어난 목적에 부합하는 옳은 일을 하고 있는가에 대해 회의하지 않을 수 없었다. 공부를 중단하는 것도 고려했을 정도였다.

그러다 큰 그림을 발견하고 돌파구를 찾게 되었다. 경복궁을 짓는데 얼마나 많은 사람이 필요했을까? 아마도 수천 명. 그중 경복궁을 설계하고 계획한 사람은 몇 명이었을까? 큰 그림을 그린 사람은 열 손가락 안에 들었을 것이다. 그 외, 물길을 만들고, 기와를 만들고 놓고, 온돌을 마련한 사람은 또 얼마였을까? 수십 명 혹은 수백 명. 또한, 그보다 훨씬 많은 수의 사람들이 벽돌을 만들고 나르고 쌓았을 것이다. 이

● 미국 캘리포니아 주 로스앤젤레스 근교에 위치한 윌슨 산 천문대 입구. 20세기 초, 미국의 천문학자 에드윈 허블은 이 천문대에서 외부 은하의 존재를 밝혔고 우주 팽창의 증거를 발견했다. 나는 이 역사적인 천문대를 여러 번 방문했는데, 한번은 굳게 잠긴 문을 발견하고 말았다. 십여 개가 넘는 자물쇠 중에 어떤 것이 우주의 신비를 밝힐 진실의 문을 열어 주는 것일까?

모든 과정의 사람들이 누구 하나 더 중요하거나 덜 중요한 차이 없이 꼭 필요한 일을 했겠지. 아. 만일 라슨 교수가 은하 형성 이론의 큰 그림을 그리는 건축가라면 나는 그 그림을 이해하고 필요한 곳에 벽돌을 나르는 사람이 될 수는 있겠다 싶었다. 그런 자기 합리화가 만들어지자 다시 공부하는 것이 재미있어졌다.

인류가 삶의 답을 찾는 것은 비상구를 찾는 것으로 비유할 수 있다. 위기의 상황에 수많은 문 중에 삶의 길로 이끄는 몇 안 되는 비상구를 찾는 것은 어렵다. 참 비상구를 찾기 전에 아마도 여러 거짓 비상구를 먼저 열어야 할 것이다. 하지만 궁극적으로 참 비상구를 여는 사람만이 모두를 구한 것이라고 볼 수 없다. 실패한 다른 시도들이 비상구를 찾는 데 기여하기 때문이다. 그래서 실패는 없다. 인류의 이름으로 함께 이룩한다. 500년이 지난 오늘 경복궁을 누가 만들자고 했는지는 별로 중요해 보이지 않는다. 오직 그 시대의 선인들이 뜻과 힘을 함께 모아 이룩한 그 멋진 금자탑의 가치가 높이 드러날 뿐이다.

결국 나는 라슨 교수의 제자가 되지 못했다. 당시엔 여러 핑계를 찾을 수 있었으나, 지금 생각해 보니 내가 그의 제자가 될 만큼 준비되지 못했던 같다. 하지만 땅만 바라보고 벽돌을 나르며 20년을 살아온 후 오늘, 나는 라슨 교수가 창시한 은하 형성 이론을 그가 이룩한 것보다 더 깊고 넓게 연구 중이다. 문득 눈을 들어 경복궁을 보니, 그 아름다움에 눈이 부시다.

내 삶의 몫

나는 어린 시절 경제적으로 어려운 동네에서 자랐다. 아이들은 학교가 끝나면 돌봐 줄 어른이 없어서 저녁 늦게까지 밖에서 놀기가 일쑤였다. 나도 예외가 아니었다. 매일 친구들과 별 보일 때까지 놀다 보면 늦게 귀가하신 어머니의 호령이 나를 집으로 몰고 가곤 했다. 아이들이 하나씩 집에 가게 되는 중 맨 마지막까지 남아 있는 아이가 있었는데 그 아이에겐 늘 미안한 마음이 들었다.

아이들은 얼마나 순박한지, 기억해 보면 웃음이 절로 난다. 오징어포, 삼팔선, 망까기, 술래잡기, 해 가는 줄 모른다. 그중에서도 아이들의 정신세계를 단적으로 보여 주는 압권은 '무궁화 꽃이 피었습니다'다. 술래가 전봇대에 이마를 기대고 눈을 감은 채 "무궁화 꽃이 피었습니다!"를 외치는 동안 나머지 아이들은 멀찍이 있다가 서너 걸음씩 술래에게 다가온다. '피었습니다'를 외치자마자 머리를 돌려 뒤를 돌아보는 술래에게 움직이는 동작을 들키면 전봇대에 줄지어 포로로 잡혀 있게 된다. 보통 술래는 두어 번 이 구호를 외치는 동안엔 이상하리만치 아이들의 움직임을 감지하지 못한다. 움직이는 아이들은 까르르 까르르. 그러다 놀이가 꽤 진행될 때쯤, 술래가 "야 너 길동이 움직이는 것 다 봤어!"라고 하면 길동이는 한 치의 의심도 없이 "에이 씨!" 안타까워하며 순순히 술래의 포로가 된다. 세상에 이런 놀이가 어디 있나. 난 지금도 어릴 적 놀이를 기억해 보면 혼자서 낄낄대고 웃는다. 이런 아이들이 세상을 운영하면 권모술수는 없지 않을까?

우리 반에서만도 여럿이 가정 형편 때문에 중학교를 못 갔다. 꽤 친한 친구도 하나 있었는데 나는 그게 뭘 의미하는지 몰랐다. 우리집은 중학교 끝 무렵 예기치 않게 이사를 하는 바람에 고등학교 3년 동안 버스를 두 번씩 타고 편도 90분이 넘게 통학을 해야 했다. 그때 내 삶에 중대한 결심을 하게 만드는 일을 겪게 되었다.

당시 서울 시내 버스엔 차장이 있었다. 대부분 10대 후반의 누나들이었다. 하루에 열두 시간 이상 꼬박 서서 일을 하는 바람에 건강에도 치명적인 해를 입는 경우가 있었다고 한다. 유복한 가정에서 자랐다면 학교에 다니고 있을 나이인 것은 분명했다. 매일 같은 버스를 타고 다니던 나는 이 누나들을 많이 기억하게 되었다. 그런데 그중 꽤 여러 명이 차장 일을 하면서 매일 책을 읽었다. 선 채로 용케도 꾸뻑꾸뻑 졸았는데 그 와중에도 책을 손에서 놓지 않았다. 그 책이 뭔지 아는가? 국어, 국사, 생물 ……. 중학교 교과서였다. 어려운 형편에 학교를 다닐 수 없고, 따로 공부할 시간이 없자, 자신의 신세를 탓하지 않고, 없는 시간을 쪼개어 검정고시를 준비하고 있었던 것이다.

어린 내게 큰 충격이었다. 매일 종점에서 종점으로 버스를 타고 다니며 맨 뒤 구석자리에서 이 모든 것을 목도한 내겐 결코 잊을 수 없는 삶의 이면이었다. 그때 나는 결심했다. 아니 '굳게 결심했다'. 혹시라도 대학교에 간다면 내가 공부할 수 있게 된 행운을 결코 헛되이 흘려보내지 말아야지. 아니 능력만 닿는다면 이 누나들 다섯 명의 공부하고 싶은 한을 대신 풀어 줘야지.

어찌어찌해 대학 입학 허가를 받은 후, 한 해 먼저 대학에 입학한 선배 하나가 내게 물었다. "넌 대학에 가면 뭘 제일 하고 싶니?" "난 바쁠 거야. 다섯 사람 몫의 공부를 해야 하거든." 영문을 모르는 선배가 꿀밤을 먹이며 하는 말. "웃기는 놈!"

나의 NASA 입성기

나는 어릴 적 꿈을 따라 나사(NASA)에서 첫 직장 생활을 하게 되었다. 다른 어린이들처럼 나도 나사가 실제로 뭘 하는 곳인지 모르는 채, 무작정 나사에 가서 일을 하고 싶어 했다. 그 꿈을 이루기 위해 대학을 가고, 잘 못하는 수학과 물리를 밤새워 공부하고, 유학을 해 천문학으로 박사 학위를 받았다.

박사 과정 5학년 중반을 지나고 있을 2월의 어느 날 아침이었다. 아침부터 요란하게 전화벨이 울렸다. 누가 (영어로) 석영 이를 찾는다. "전데요." "아. 난 나사 고더드 우주 비행 연구소의 알렌 스와이거트 박사요." "스와이거트 박사시라고요?" 항성 진화 이론의 대가 스와이거트 박사. "아, 박사님께서 왜 절 찾으시는지." "혹시 졸업할 때가 되어 가지 않나 해서. 그렇다면 내가 있는 고더드 연구소로 와서 함께 일해 보지 않겠소? 내 동료가 최근에 석영 군의 연구를 그리스 학회에서 봤다는데 내용이 우리 연구팀에게 매우 흥미로워요. 관심이 있다면 시간이 별로 없으니, 당장 특급 우편으로 이력서를 나사에 보내시오. 워낙 급한지라 실례를 무릅쓰고 집으로 전화했으니 용서하시오."

나사. 내가 꿈에 그리던 나사. 그중에서도 기초 연구의 메카 고더드 우주 비행 연구소(Goddard Space Flight Center). 나는 두 번 생각할 겨를도 없이 간단히 이력서를 적어서 일단 고더드 연구소에 보냈다. 내 지원서는 결국 선택되었고, 나는 부랴부랴 박사 학위 논문을 완성한 후 그해 9월부터 고더드로 출근하게 되었다. 지금도 알 수 없는 것은 그때 스와이거트 박사가 어떻게 내 집 전화번호를 알게 되었는가이다.

고더드 연구소의 모든 건물은 번호로 불린다. 내가 있던 21동은 코비(COBE) 우주 배경 복사 관측 위성을 만든 연구팀과 허블 우주 망원경 스티스(STIS) 관측기 연구팀 등 으리으리한 팀들을 품고 있었다. 코비 팀은 당시 빅뱅 우주론에 관한 연구 결과를 인정받아 2006년에 노벨 물리학상을 받았다. 수상자 존 매더 박사는, 언제 한번 우리 스티스 연구팀이 졸린 오후에 떼로 몰려가서 티타임 장소가 필요하다고 했을 때, 그의 연구실을 내어 줄 정도로 맘씨 좋은 분이시다. 얼마 전 미국 천문 학회에 가서 먼발치에서 보게 되었는데 60을 넘긴 노벨상 수상자가 아직도 혼자 잰걸음으로 방마다 다니며 다른 젊은 학자들의 발표를 듣기에 바쁜 모습이었다. 고개가 절로 숙여진다. 연구소 내엔 150여 마리의 사슴이 살고 있었는데 저녁에 창밖으로 인기척이 있어 내다보면 창을 통해 "뭐하니 멍청아!"라면서 나를 지긋이 보던 사슴의 모습이 지금도 눈에 선하다.

나사에서의 연구 경험은 내게 충격을 주었다. 나사의 연구자 각각은 다 자기 분야의 전문가이다. 그런데 그들의 배경을 보니 이럴 수가. 어떤 이는 석박사 학위도 없고, 어떤 이는 정규 대학 출신도 아니지 않은가. 그럼에도 그들은 자신이 하는 일에 대해 정확히 비례하는 대우를 받고 행복한 가운데 일을 하고 있었다. 당시 소문에 따르면 우리 팀의 몇몇 연구원은 심지어 20여 명의 박사 군단을 이끄는 세계적인 학자인 팀장에 견주는 보수를 받으며 일을 하고 있었다. 팀원에게 그렇게 고액의 연봉을 주는 팀이나, 팀장이면서도 월등히 많은 연봉을 받지 않는 것을 인정한 팀장이나, 내겐 다른 세상 이야기 같았다.

나는 피고용인의 배경과 학벌에 연연하지 않고 실제 어떤 일을 얼마나 잘 하는지에 따라 합리적으로 대우하는 것이 어떤 결과를 맺는지를 이곳에서 직접 보았다. 사람들은 각기 큰 톱니, 작은 톱니, 윤활유 등의 역할을 하며 큰일을 이루어 갔다. 각각의 연구자들을 보면 나보다 그리 뛰어난 것 같지도 않은데 그들이 함께 일을 할 때 놀라운 일들을 이룩해 갔다. 모든 연구원은 정직을 최선의 가치로 여기고 느릴지언정 틀림없이 일했고, 지위 고하를 막론하고 서로를 신뢰했다. 그 결과 나사가 이룩한 것은 형언하기 힘들 정도이다.

캘리포니아 주 로스앤젤레스 북쪽에 자리 잡은 나사의 또 다른 연구소 제트 추진 연구소(Jet Propulsion Laboratory) 입구엔 커다란 상황판이 있는데 거기엔 대표적인 나사의 탐사선들이 지금 어디 있는지 표시되어 있다. 1972년에 발사된 파이오니어 10호, 1977년에 발사된 보이저 1호 등, 지금은 명왕성의 궤도를 훌쩍 넘어서 태양계 밖을 향해 모험의 항해를 하고 있는 상황이 뚜렷이 보인다. 아직 똑딱이 스위치밖에 없던 시절에 우주선을 쏘고, 태양계를 아우르는 탐사선을 보낸 것이다. 이러한 미국의 힘은 당시 범국민적으로 기초 학문을 다지고, 개인이 꿈을 이룰 수 있도록 국가가 제도를 통해 돕고, 그리고 서로 신뢰하는 연구 풍토에서 나온 게 아닌가 생각한다. 나는 탐사선 상황판 앞에서 한참 동안 동상이 되어 있었다. 나의 나사에서의 생활은 이렇게 떨림 속에서 시작했다.

+

가난하고 배고픈 유학생 시절, 정말 안타까운 일이 있으니, 토요일에 아무에게도 저녁 식사 초대를 받지 못하는 것이었다. 하지만 우습게도 그것보다 더 짜증나는 경우가 딱 하나 있었는데 바로 같은 날 두 초대가 겹치는 것이다. 웃지 말라. 정말 안타깝다. 하나를 미룰 수도 없고. 대놓고 불평할 수도 없고. 나중에 교수가 되면 못 먹던 것 실컷 먹어야지 다짐했다. 그런데 정작 교수가 되고 물질적으로 훨씬 풍요로워진 지금은 먹는 것에 관심이 덜 간다. 대신 돈과 시간을 들여 먹을 것 하나 없는 음악회를 가거나 책을 사서 읽는다. 나의 문명과 문화 지수가 변한 것이다. 과학은 문명의 요약이자 문화의 척도이다. 우리가 할 수 있는 최고 수준의 연구를 수행해 문명을 요약하며, 우리가 가장 중요하다고 생각하는 일에 시간과 정열을 바쳐 문화의 초점을 드러낸다. 고대 이집트의 피라미드, 중세 크메르 제국의 앙코르와트, 근대 미국의 엠파이어스테이트 빌딩, 그리고 현대의 LHC(대형 강입자 충돌기)와 허블 우주 망원경, 이런 것들이 바로 그 시대 사유의 정점을 보여 주는 좋은 예이다. 우리나라 문화의 정점이 궁금하다.

스승의 날

"교수님, 내일 점심에 시간 있으신지요. 괜찮으시면 저랑 식사를 하시면 어떨까요?" 대학원 학생 하나가 묻는다. "아 별일 없으니 그럽시다. 그런데 무슨 일인지?" "아 그게 ……." 쭈뼛거리며 금방 답을 못한다. 아 스승의 날이라고! 그러고 보니, 내일이 스승의 날이고, 내 그룹의 대학원 학생들이 내게 점심 대접을 한다고 하는 모양이다. 고마운 일이다. 가까운 식당에 가서 맛있는 돌솥밥을 함께 먹으며 이런 저런 이야기로 꽃을 피웠다.

요즘 학생들에 대해 세상이 뭐라고 말을 하든, 외국 생활을 오래 한 내 눈엔, 우리 대학원생들은 매우 사랑스럽고 예의바르다. 교수의 의견을 존중하는 것이 때론 지나쳐, 교수가 틀린 말을 할 때도 지적하기보다는 묵묵히 들어주곤 한다. 교수의 입장에선 분명히 고마운 일이지만 학생의 입장에선 난처한 일일 것이다. 우리 학생들은 대부분 열정을 가지고 열심히 연구한다. 하지만 연구 결과가 언제나 즉각적으로 뚜렷하게 나오는 것은 아니다. 이럴 땐 학생들이 주눅 들기가 쉽고, 많은 지식을 가진 교수 앞에 서면, 모든 것이 자기의 불찰인 양, 부끄럽게 고개를 숙이기가 일쑤이다. 그런데 그게 꼭 그런 게 아니다.

내가 어릴 적, 돌아가신 우리 아버지께서 해 주신 이야기가 있는데 진위는 알 방법이 없지만(우리 아버지께서 만드셨을 수도 있고 …….) 내용이 좋아서 늘 되뇌곤 한다. 미국의 16대 대통령이 된 링컨은 어릴 적엔 별로 그렇게 똘똘하지 못했나 보다. 그의 아버지가 종종 "야 이놈아. 워싱턴 대통령이 너만 할 때 벌써 뭘 했는지 알아?"라고 야단을 쳤다. 몇 번에 걸쳐 같은 야단을 맞은 어린 링컨이 어느 날 반기를 들면서 하는 말. "워싱턴 대통령이 제 나이 때 무슨 일을 하셨는지는 모르지만 아버지 나이 때 무슨 일을 하셨는지는 압니다." 헉, 맞는 말 아닌가. "아인슈타인이 당신들 나이에 뭘 했는지 아세요?"라고 학생들을 꾸짖으려다 그 말이 목젖 뒤로 사라진다. 아인슈타인은 내 나이보다 10년 전에 일반 상대론을 정립했다!

우리 선배들, 부모들, 그리고 이 땅의 선생들. 우리는 후대에게 끝없이 더 잘되라고 교육을 하지만 정작 우리가 처한 위치에서 올바로 서기 위해서 들이는 노력은 별로 없다. 내 나이 오십에 무슨 공부를 더하겠냐 하겠지만 삶의 가치를 높이는 방법은 공부에만 있는 것이 아니다. 내가 책을 읽지 않으며 어떻게 후대에게 책을 강요하며, 내가 내 가정의 복지를 위해 술담배를 줄이고 운동을 할 노력을 기울이지 못하면서 어떻게 후대에게 자신을 다스리라고 호소력 있게 말할 수 있겠나.

우리 학생들은 연구가 잘 안 풀리면 다 자기 탓이라고 생각하며 주눅이 든다. 하지만 꼭 그렇지만은 않다. 지금까지 예일 대학교, 캘리포니아 공과 대학(칼텍), 옥스퍼드 대학교, 연세 대학교에서 십수 년 교육에 종사한 경험상, 교수가 친절히 잘 지도했을 때, 좋은 결과가 나오지 않는 일은 별로 없었다. 학생이 얼마나 좋은 연구를 하는가에 멘토의 역할이 절대적이라는 말이다. 거꾸로 말하면, 학생이 힘들어 한다면 책임의 큰 부분이 교수에게 있다는 것이다. 어떤 논리도 일반화하긴 힘들지만 내 학생 대부분이 뭔가 문제를 가지고 있는 것처럼 보인다면, 먼저 나의 역할을 의심해 볼 일이다.

나는 지금까지 다섯 명의 박사를 배출했다. 영국에 있던 시절 옥스퍼드 대학교에서 세 명, 귀국한 후 연세 대학교에서 두 명이다. 모두 다 프로 천문학자로 일하고 있고 나의 큰 자랑거리이다. 그중 바티칸에서 교황을 보필하는 과학자도 있고, 세계적인 명문 대학교의 교수가 된 사람도 있다. 하지만 지금도 내가 그들을 보면 부족한 것이 보인다. 1, 2년에 한 번씩 나를 찾아와 함께 공동 연구를 할 때엔, 나는 어김없이 옛날의 나로 돌아가 꾸짖고 책망하길 반복한다. 마치 나는 늘 옳고 그들은 늘 부족한 느낌이 든다. 하지만 실상을 말하자면, 나는 그들과 같은 나이에 훨씬 능력이 부족했고, 그들이 내 나이가 되면 더 많은 것을 알게 될 것이다. 이것이 역사가 흐르는 방식이다.

나는 요즘 내 학생들에게 미안하다. 내 학생들이 내게서 박사 학위를 받은 후 세계로 뻗어 나가 세계적인 수준의 연구를 하는 것을 보고 싶지만 내겐 그들의 뜀판이 되기엔 충분한 능력이 없기 때문이다. 내게 지도를 받는 학생들의 학문 세계는 지도 교수인 나의 학문 세계의 크기를 크게 벗어나기 힘들다. 결국 내 학생들의 수준은 곧 나의 수준의 반영인 것이다. 조금이라도 내 한계를 더 많이 뛰어넘기만을 바랄 뿐이다. 각고의 노력 끝에 좋은 연구 결과를 내더라도, 그들의 학문적인 아버지인 내가 국제적인 인지도가 낮아서 그들의 진출에 도움이 되지 못하고 있다고 느낄 땐, 더욱 기분이 처진다.

또 나는 학생들에게 고맙다. 겉으로 드러난 모습을 보면 그들이 내게 배우기 위해 등록금을 내며 학교를 다니고 있지만, 사실상 배우는 것으로 따지면 내가 학생들에게 배우는 것도 만만치 않다. 어른들도 아이들에게 배울 것이 있다지 않는가. 젊은 생각을 배우고, 순수한 마음을 배우고, 역사의 흐름을 배우고, 인생을 배우고, 나 혼자서는 들여다볼 수 없는 학문의 세계를 그들을 통해 본다. 나도 약간의 등록금은 내야 할 것 같다.

스승의 날이 스승에게 감사하는 날이라고들 하지만 내겐, 내가 어떤 스승이 되어야 하는지를 일깨워 주는 날이다.

나는
아버지가 둘이다

나는 아버지가 둘이다. 한 분은 우리 선친이시고 또 한 분은 미국 유학 시절 내 은사이신 피에르 드마크 교수님이시다. 내가 왜 스승님을 내 아버지로 모시게 되었는지 기억해 보려고 한다.

내가 미국에서 유학을 시작한 때 나는 이미 한국에서 석사 학위를 받은 후였다. 당장 연구를 시작하고 싶은데 미국의 박사 과정은 석사 과정 2년을 포함하고 있기 때문에 학과 과목을 다시 2년 동안 수강해야 하는 상황이었다. 물론 내가 원하면 한국에서 석사 과정 때 수강한 과목 일부를 인정받을 수도 있었지만 그렇게 하고 싶진 않았다. 하지만 자연스레 학과 과목 강의보다 연구 프로젝트에 더 관심이 갔다.

내가 있던 예일에선 첫 두 해 동안 두 개의 다른 연구 프로젝트를 수행해 평가받아야 하는데 보통은 2학기 때와 3학기 때 이를 행한다. 나는 매우 이례적으로 첫 학기부터 연구를 하기로 신청했다. 지도 교수는 드마크 교수님이시다. 덥석 1만 줄이 넘는 항성 진화 이론 컴퓨터 코드를 주더니 알아서 써 보라신다. 그 안에 들어가는 자유인자(free parameter)만도 100개가 넘는데 어떤 값을 써야 하는지 모호해서, 적절하지 않은 값을 사용하면 계산 결과가 달나라로 간다. 코드는 한 번 돌리면 빠르면 한 시간, 길면 하루 정도 걸려 계산을 마치는데 100여 개의 인자를 서로 다른 값을 대입해 가며 어떤 결과가 나오는지를 알아보기 위해선, 셀 수 없는 수의 계산을 해야만 했다. 그 학과 내엔 이 코드를 잘 아는 연구진들이 가득했지만 수련 과정에 있는 내게 귀띔을 주는 분은 단 한 명도 없었다. 이때 내가 거쳐야 했던 시행착오는 이루 말할 수 없었는데 그때 만든 내 연구일지는 지금 내게 보물 1호이다.

수천, 수만 번 코드를 돌리기 위해 스승님 그룹이 보유하고 있는 컴퓨터 모두를 동원해 밤낮으로 수행했다. 단 1초도 쉬고 있는 컴퓨터가 있는 것을 보아 넘길 수가 없었다. 지금도 이때를 기억하면 머리카락이 쭈뼛쭈뼛 선다. 흥분과 절망을 동시에 기억하며.

그날 밤도 내 머릿속엔 여러 대의 컴퓨터에서 돌고 있는 내 계산이 어떤 결과를 보여 줄까에만 관심이 있었다. 그런데 학과의 고학년 선배 학생에게서 집으로 전화가 걸려 왔다. 학과가 나 때문에 발칵 뒤집혔다는 것이다. 사실 확인을 위해 전화했다고. 이야기인즉슨, 스승님 그룹에 있는 나보다 7~8년 선배인 박사님이 그날 밤, 다음날 필요한 계산을 위해 컴퓨터를 사용하고자 했는데 알아보니 1학년 꼬마(나)가 그룹 내의 컴퓨터를 모두 제 것인 양 사용하고 있어서 정작 박사님은 사용

불가였다는 것이다. 그분은 급기야 우리 스승님께 한밤중에 전화를 해 이 일을 불평했고, 우리 스승님은 크게 노하시여 학과 컴퓨터 매니저에게 전화를 해 내 계산을 모두 강제 종료시키고 심지어 내 컴퓨터 계정을 닫도록 조치하셨다. 이론계산학자에게 컴퓨터 계정을 강제로 닫는 것은 경마 기수에게서 말을 빼앗는 것과 같으니, 내가 느꼈을 충격을 상상해 보라.

사실 이것이 전부가 아니다. 나는 실제로 모든 컴퓨터를 사용해 계산하고 있었지만 누구나 그렇게 했다. 또한 나는 내 연구가 다른 사람들의 연구에 비해 우선순위(priority)가 떨어진다는 것을 인정해 내 계산의 우선순위를 최하로 매겨 놓아서, 누구든 내 계산이 돌고 있는 중에 자신의 계산을 덤으로 집어넣으면 그의 계산이 먼저 수행되도록 조치해 놓았다. 이런 에티켓은 내가 미국에서 제일 먼저 배운 것 중 하나다. 그런데 그 박사님은 아마도 내 우선순위 세팅은 확인하지 않은 채, 단지 내 계산이 많이 돌고 있다는 리스트만 확인하고 급한 김에 그렇게 한 것 같다. 그런데 혹시 그런 오해가 있었더라도 내게 전화 한 통만 했더라면 두 번도 생각 않고 내 계산을 다 기꺼이 중단시켰을 텐데.

다음날 아침 학과에 침통한 표정으로 도착하니 분위기가 심상치 않다. 평소엔 느지막이 출근하는 고학년 학생들이 학생 대표를 포함해 복도를 서성이고, 얼마 후엔 대표가 내 연구실을 두드렸다. 학생 대표는 이러한 사실 모두를 스승님께 고하고, 이 모든 것이 100퍼센트 내 실수이기보다는 박사님의 오해에서 빚어진 일이며, 사실은 근래에 컴퓨터 사용에 관해는 그 박사님이야말로 에티켓을 지키지 않으신 분이라고. 학생 대표는 내게 더 이상 걱정 말라고 하고 자리를 떴다. 지금도 손발이 차가워진다. 이때를 기억하면.

곧 내 컴퓨터 계정이 살아났다. 스승님이 정상 참작을 하셨나 보다. 뭘 할까 고민하다 나는 스승님께 장문의 편지를 썼다. "스승님. 심려를 끼쳐드려 대단히 죄송합니다. 상황을 부분적으로 들으시고 오해하셨을 수 있다고 생각합니다. 그리고 오해를 푸시고 모든 것을 제자리로 돌려놓아 주시니 고맙습니다. 그런데 서운합니다. 이렇게 크게 노하실 정도의 일이라고 생각하셨으면 제게 전화 한 통 하셔서 직접 혼을 내시지 그러셨습니까. 그러면 제가 최소한 제 입장에서의 진실을 말씀드렸을 텐데. 제 계정이 죽어 있는 것을 보고 제가 죽은 것처럼 느꼈습니다. 아. 스승님이 내게 일말의 신뢰도 갖고 있지 않구나 하며. 제가 온 한국에선 나라님, 스승님, 그리고 아버지를 동일하게 모시라고 가르칩니다. 그래서 저도 스승님을 제 아버지처럼 여기려고 하지요. 그런데 오늘 제 아버지가 제 말을 듣기 전에 매를 드셨습니다. 매가 아픈 게 아니고 그게 아픕니다. 앞으론 더 성실하고 연구원들 간에 소통하며 연구에 매진하겠습니다. 제가 존경할 수 있는 아버지가 되어 주십시오." 그리고 그 일은 지났다. 나나 스승님이나 이 일은 다시 거론하지 않았다.

3년 후에 나를 낳아 주신 아버지가 돌아가셨다. 아버지가 작은 병원에서 투병하시는 한 달 동안 나는 학기 중이었지만 스승님께 양해를 구하고 귀국해 중환자실을 지켰다. 결국 내가 아버지의 임종을 지켰다. 갑자기 나를 둘러싼 세상이 크게 바뀌었다. 미국으로 다시 돌아와 보니 그동안 스승님이 내가 비운 자리가 문제되지 않도록 다 조처하셨다. 행정적으로 불가능해 보이는 일들도 다 날 대신해 처리하셨고 날 만나서는 큰 위로를 주셨다. 나는 그때 내 스승님을 내 아버지로 모시기로 결심했다.

남은 학위 과정 동안 그분이 내게 베푼 배려는 잊을 수가 없다. 내 졸업식에 오셔서 단상을 빛내 주시기도 했다. 수백 명 박사가 탄생하는데 지도 교수가 직접 와서 축하하는 것은 극히 드문 일인데. 함께 찬란한 가운을 입고 사진을 찍고, 내가 처음 조출한 식사를 대접할 때, 그의 얼굴 위로 나를 낳으신 아버지의 얼굴이 겹친다. 졸업할 때 나는 우리 스승님께, 내가 우리 아버지께 꼭 하고 싶었지만 평생 하지 못했던, 손목시계 선물을 했다. 학생 신분으로 살 수 있던 조악한 것이었지만 받으시며 어쩔 줄 몰라 하던 기억이 또렷하다. 학생에게 선물을 받기는 처음이라며 당황하시는 선생님께, "저도 부끄러우니 서로 모른 척하지요 뭐."라고 하면서 그분 연구실을 황급히 떠났다. 졸업 후, 나는 스승님과 함께 프랑스로 휴가를 떠날 정도로 가깝게 지낸다.

우리 아버지가 소천하신 지 거의 20년이 되어 간다. 요즘은 다른 아버지도 건강이 좋지 않으시다. 지구 반대쪽에 계신지라 자주 못 찾아뵙는 내가 많이 부끄럽다.

둔필승총

나는 한자를 잘 모른다. 학창 시절에도 한자 습득에 빠르지 못했고 오랜 외국 생활 동안 그나마 알던 한자를 대부분 잊게 되었다. 그런데 아직도 잊지 않고 내 마음에 꼭 간직하고 있는 사자성어가 하나 있다. 둔필승총(鈍筆勝聰, 무딜 둔(鈍), 붓 필(筆), 나을 승(勝), 총명할 총(聰)). 무딘 붓이 총명함보다 낫다는 말이니, 꾸준히 쓰고 익히는 사람이 날 때부터 총명한 사람을 이긴다고 해석할 수 있다.

난 어렸을 때 내가 총명한 줄 알았다. 그런데 초등학교 3학년 때 잊지 못할 일을 겪었다. 여름 방학이라 외가댁에 놀러 갔는데 그날은 나보다 다섯 살 위인 사촌형이 우리 같은 조무래기들을 여럿 모아 놓고 퀴즈 대회를 열었다. 거기엔 나보다 한 해 아래인 2학년짜리 어린애도 있었다. 그런데 산수 문제에서 나눗셈이 나왔는데 그 어린애가 번번이 나보다 더 빨리 더 정확하게 답을 하는 것이 아닌가. 사실 확인은 어렵지만 어렴풋한 내 기억엔, 그는 60점을 나는 20점을 맞았던 것 같다. 당시엔 별 반응 없이 쿨하게 지나갔지만 어린 나이에도 그게 꽤 부끄러웠는지, 지금도 그 상황이 꿈에 가끔 나온다. (최소한 내가 살던 문화 속에선) 과외가 없었던 시절이었으니, 사교육 여부의 차이였을 리 만무하다. 그러니 어떤 사람은 그냥 더 똑똑하게 태어나는가 보다. 그리고 나는 그런 사람이 아니구나. 물론 어릴 때 키가 성인의 키를 말해 주진 않고 육체나 정신이나 성장 발육의 차이가 클 수 있음을 인정하지만 나는 어떤 사람이 확실히 더 총명하게 태어난다는 것을 의심하진 않는다.

중학교에 들어가는데 반 편성 시험을 치렀다. 지나고 나니, 이런 게 왜 필요한지 이해가 안 간다. 여하튼 내 등수는 1050명 중 100등이었다. 담임 선생님께서 학교를 찾으신 어머니께 "잘하면 대학은 들어가겠습니다."라고 위로하셨단다. 집에 오신 어머니 안색이 좋지 않다. 워낙 나는 어려서부터 공부에 대한 스트레스 없이 살았기 때문에 이 정도면 꽤 괜찮은 성적이었는데 어머니는 겨우 대학 간다는 말에 조금 실망하셨나 보다. 여하튼 그 후엔 조금 더 열심히 공부해 대학을 다니게 되었고 지금은 얼렁뚱땅 교수를 직업으로 하고 있으니 부끄럽기 그지없다.

어떻게 어리바리한 내가 교수까지 되었는지에 대해선 둔필승총이 큰 몫을 했다. 나는 내가 수재가 아닌 것을 일찍 깨달았다. 대신 무슨 생각이 있을 때마다 글을 써서 정리하는 습관을 가졌다. 앞서 언급한 나눗셈 비극이 있던 그 여름 방학이었다. 어느 꼬마에게나 그렇지만 여름 방학의 최대 괴로움은 매일 써야 하는 일기이다. 방학이 어느덧 끝나가려는 그날, 일기를 쓸 일이 많아졌다. 그날은 광복절이라 아침부터 한국 광복에 대해 일기를 쓰기로 마음먹었다. 또 한국에서 최초로 지하철이 개통되는 날이었다. 일기거리가 많아졌다. 그런데 오전에 TV 생방송으로 치르던 광복절 기념 행사에서 문세광이 대통령에게 총을 쏘려다가 바로 옆에 있던 영부인을 살해하는 비극이 벌어졌다. 아홉 살짜리 어린애가 TV를 보다가 받았을 충격을 상상해 보라. 그날 나는 일기를 장장 6장을 썼다. 앞뒤로 빽빽이. 어린 내가 얼마나 한심한 글을 얼마나 알아볼 수 없게 썼을지는 짐작이 가고 남지만 그래도 혼자 앉아 한두 시간 동안 그림 하나 없는 일기를 썼다는 사실은, 지금도 나 스스로에게 미소를 짓게 만드는 일 중에 하나이다. 그날 벌어진 일들을 잊고 싶지 않았던 것이다.

고등학교 땐 틈만 나면 일기를 영어로 썼다. 영어를 특별히 잘 하는 사람도 아니고, 중고등학교 시절을 통틀어 영어 참고서는 딱 한 권밖에 가져보지 못하고, 대학 들어갈 때까지 원어민 한번 만나본 적 없지만 다른 언어로 글을 쓴다는 것이 참 신기했다. 고등학교를 마친 후 기차를 타고 여행을 한 적이 있는데 서울역에서 타고 보니 내 자리에 외국인이 앉아 있었다. 나는 1초도 주저 않고 그에게 가서 내 자리와 겹친다, 표를 봐 줄까, 아 자린 맞는데 칸이 틀리니 내가 찾아주마, 등을 영어로 말해 그에게 자리를 찾아준 적이 있다. 돌아와 내 자리에 앉는데 주위의 어른들이 다 나를 무슨 괴물 보듯 한다. 1984년 1월이었는데 당시엔 외국인들은 거의 외계인 취급을 받던 시절이다. 요즘 가끔 어떤 (대)학생들이 나를 찾아와 어떻게 하면 영어를 교수님처럼 잘 할 수 있나요, 묻는다. 그럼 "응 열심히 하면 누구나 ……."라고 답하지만 내 마음 속엔 다른 답이 있다. "안 돼요. 영어에 큰 재능이 있든지, 아니면 자기 할 일을 다 치워 버리고 한다면 모를까." 왜냐하면 나의 현재 영어 능력은 어느 날 갑자기 한 1년 공부에서 만든 것이 아니다. 처음 abc를 배운 중학교 1학년 3월부터 재미있어서 혼자 수없이 쓰고 읽은 결과이다. 방과 후 아무도 없는 집에 들어와 혼자서 영어 교과서를 크게 읽고, 쓰고, 아무도 관심도 가져 주지 않는 영어 소설을 종로서적과 교보문고 바닥에 앉아서 읽고, 매일밤 공부는 안 하고 영어 일기를 쓴 시간을 다 합치면 아마 어마어마할 것이다.

대학과 대학원 시절에도 읽고 쓰는 버릇은 계속되었다. 만원버스를 두 번씩 갈아타고 통학하면서도 내 손엔 늘 소설책이 있었다. 연구년차 영국에 1년간 체류하던 당시, 한국에서 가져온 책들을 너무 빨리 읽고 말았다. 읽을 책이 없던 하루 이틀이 얼마나 불안하던지, 하도 쨍쨍댔더니 내 아내가 듣기 싫다고 당장 책부터 사란다. 그래서 서점에서 750쪽짜리 책을 하나 샀다. 마음에 평화가 왔다. 재미있는 연구 주제가 떠오르면 즉시 냅킨을 찾아 적어대기 시작한다. 박사 과정 연구를 하던 중에 끄적인 연구 주제들은 지금 보면 모두 학술지 논문으로 둔갑을 했으니, 쓰는 버릇이야말로 무섭지 아니한가.

내 동료 교수 중엔 나보다 더한 분이 계시다. 나는 오래전 그를 지도할 수 있는 영광을 가진 적이 있었는데 나보다 어린 그에게 배울 점이 많았다. 그중 하나가 쓰는 버릇이다. 그와 진지한 대화를 처음 나눈 것은 전화상에서였다. 나는 영국에 살고 그는 아직 한국에 있을 때였으니 비싼 국제 전화였을 것이다. 대화를 하는 틈틈이 그가 잠깐씩 대화를 못 따라오는 것을 느꼈다. 후에 그의 연구 능력에 반한 나는 그를 연구원으로 채용했고 곧 영국에서 만나게 되었다. 그런데 놀라운 것은 그가 나와 한 이야기들을 모두 완벽히 기억하고 있는 것이다. 연구가 급물살을 탄다. 나중에 보니 그는 중요한 생각, 대화 내용을 모두 적는다. 내가 한 모든 말, 말도 안 되는 헛소리까지 다 적혀 있었다. 그는 잘 때 머리맡에 메모지를 놓고 잔단다. 자다가 좋은 아이디어가 떠오르면 벌떡 일어나 적어 놓고 다시 잠을 청한단다. 의학적으로 좋은 것인지는 모르겠지만 여하튼 그 열정이 대단하지 않은가.

내가 존경하는 옥스퍼드 대학교의 세계적인 천문학자 조셉 실크 교수는 고희가 다 되었지만 모든 강연에 두툼한 공책을 들고 들어간다. 그가 받아 적는 양은 실로 어마어마하다. 똑똑한 척 팔짱끼고 강연을 듣는 다른 대부분의 학자들은 실크 교수의 발뒤꿈치도 못 따라간다. 그들이 안 적고, 실크 교수가 계속 적는 한, 그 차이는 날로 더 증가할 것이다.

나는 둔필승총을 믿는다. 신이 내게 조금 못한 재능을 주셨더라도 인간의 자유의지로 극복할 수 있는 여지를 주셨다고 분명히 믿는다. 인간의 사고나 행동이 이미 다 결정되어 있다고 생각하지 않는다. 나는 내가 할 수 있는 일을 꿈꿀 수 있다고 믿는다. 그 꿈은 자꾸 꿀수록 구체화되고, 진실을 담아 글로 쓰고 정리할 때 수립되고, 발로 뛰어 이루어진다.

내가 만난 가장 참을성 없는 학생

나는 참을성이 부족하다. 어려서부터 오래 뭘 앉아서 하는 것은 잘 못했던 걸로 기억한다. 친구를 오래 기다리는 것도 싫고, 30분 넘어가는 설교는 아무리 좋아도 지겹고, 한 시간이 넘어가는 강연은 따분해 한다. 무슨 일을 하다 보면 금방 꼭 잡생각을 하고 있는 나를 발견하곤 했다. 큰 핸디캡은 아니겠지 하고 살아오다가 어린 나이에 결혼을 하게 되었는데 이런 나의 모습을 아내에게 딱 걸리고 말았다.

우리가 신혼살림을 차린 곳은 미국 동부였다. 학생 때 5~6년 동안 주워 온 가구를 가지고 살다가, 졸업 후 점차 생활이 나아짐에 따라, 조립식 가구를 살 수 있게 되었다. 완성품은 비싸니 DIY(do it yourself) 가구를 사는 건데, 20년 동안 끌고 다니고 있는, 한 벽을 가득 차지하는 책장을 조립하는 것은 보통 인내심을 가지곤 꿈도 못 꾼다. 공간 감각이 좋은 편인 나는 보통 처음 20, 30분간은 이것저것 맞춰 보며 일을 진척해 나간다. 그러나 통밥이 먹히는 것은 곧 한계에 다다른다. 이제부턴 조립 설명서를 참조해야 하는데 이 설명서 읽는 게 큰 인내심을 요구한다. 난 곧 나가떨어진다. 그런 나를 보는 아내의 놀라고 실망한 눈이 점점 커진다. 결국 나보다 인내심이 월등한 내 아내가 설명서를 보기 시작하면서 일이 다시 진행되고 마무리된다.

이런 내 문제점이 적나라하게 드러나는 또 다른 곳은 시장이다. 미국에서 살 때, 요즘은 한국에도 들어와 있는, 거대한 도매시장을 가끔 가곤 했는데 몇 가지 물건을 바구니에 담아 계산대에 와 보니 줄마다 계산을 기다리는 사람이 열 명씩 되는 게 아닌가. 각 바구니마다 일개 대대 병력을 먹일 만한 음식과 물건들로 가득 차 있고. 나는 사람이 이렇게 많은 곳에 가면 금방 정신을 놓는다. 그렇게 계산을 포기하고 바구니를 놓고 시장을 떠난 게 최소한 두어 번은 되는 것 같다. 이건 비밀이지만 내 처가 없을 때 나 혼자 갔다가 돌아온 것 빼고.

집에서 샌 박이 밖에서도 샌다고 했던가. 이런 내 문제는 연구실에서도 연속된다. 내가 박사 학위 연구를 하고 있을 때이다. 내가 몸담고 있던 예일 대학교 천문학과에는 꽤 잘 갖추어진 도서관이 있다. 전문 학술지와 서적 등 박사 학위를 하는 데 필요한 것들이 거의 완벽하게 갖추어져 있는 것이다. 그런데, 2퍼센트 부족한 것이 있었다. 전문 학술지가 배달되는 시점이 우리 학과 도서관의 경우, 학교 내에 있는 다른 큰 도서관보다 하루 이틀 정도 느렸던 것이다. 1994년도 9월 어느 날. 그날은 세계 최고 권위를 자랑하는 미국 천체물리학회지가 오는 날이었다. 그런데 오후가 다 되도록 학과 도서관에는 아무런 소식이 없었다. 그래서 참을성 없는 나는 학교의 과학 전문 도서관인 클라인 과학 도서관으로 눈살을 찌푸리며 걸었다. 아하. 그곳엔 막 도착한 천체물리 학회지가 따끈따끈하게 신간 칸에 눈에 잘 띄게 진열되어 있었다. 주루룩 훑어나가다가 나는 머리에 철퇴를 맞는다.

이태리 파도비 대학교의 세사레 키오시 교수 그룹의 알레산드로 브레산이라는 학자가 53쪽짜리 논문을(보통 논문은 10쪽이다.) 발표했는데 논문의 주제가 바로 내 박사 학위 연구 주제였던 것이다. 내가 이룩하고자 하는 연구의 절반은 그가 다 한 것 같았다. 난 아직 2년은 더 해야 하는데. 눈에 아무것도 보이지 않는다. 마음의 눈물이 뺨을 타고 줄줄 흘러내리는 것 같다. 나는 곧 짐승 같은 그 논문을 세 부 복사해, 한 부는 내가 갖고, 다른 두 부는 지도 교수 두 분에게 드렸다. 한 분은 늘 그렇듯 자리에 안 계시고, '운 나쁘게' 자리에 계시던 교수님께 복사본을 드렸다. "교수님. 전 이제 끝났습니다. 이 논문 좀 보세요. 이 논문 읽어 보시고 저하고 상담 좀 해 주세요. 아 참 제가 읽는 게 느리니 내일은 어렵고 모레가 좋겠습니다." 헉, 그 논문은 53쪽짜리인데 하루 더 시간 준다고 생색이다. 맘씨 좋으신 우리 지도 교수님 씩 웃으며 "그러든지." 라고 하신다.

보통은 교수가 학생에게 논문을 소개해 주고 읽어 보라고 권하는데 내 경우엔 반대의 경우가 꽤 있었다. 인터넷이 아직 보급 초기 단계였던 당시 논문을 찾아보는 유일한 방법은 발품을 팔아 도서관에 가서 직접 학술지를 열어 보는 것이었고, 기억하고 싶은 내용이 있으면 노트에 적어오거나, 운이 좋아 교수님께서 복사기 비밀 번호를 주시면 복사해 오는 것이 고작이었다. 그러니, 바쁘신 교수님들이 신간 학술지를 그렇게 금방 읽으실 수는 없었다. 그런데 일개 어린 학생이 교수들에게 공부를 시켰으니, 지금 돌이켜보면 정말 크게 미움 받을 일이다.

내 지도 교수님은 점점 연세가 들어감에 따라 날 앞에 두고 이런저런 말씀하시길 좋아하셨다. 아버지가 아들 놓고 이야기하시듯. 옛날 이야기, 집안 이야기, 어떻게 프랑스 인으로 모로코에서 태어나 캐나다로 이민 온 후, 미국인이 되었는지. 우린 가릴 것 없이 이야기하곤 했다. 어떤 날은 내가 투정을 부렸다. "교수님. 전 쓸 만한 학자가 되기나 할까요?" 내 기억엔 이 질문을 우리 지도 교수님께 한 세 번은 한 것 같다. 그러면 교수님 말씀이 이랬다. "넌 잘 될 거야. 배 속에 불이 보여.(You will be just fine. You have fire in your belly.)" 비밀을 알고 싶어 안달하는 마음. 그런 게 보인다니 말이 되나! 이렇게 친절하게 말해 주시는 뒤에는 "뭐가 그리 급해? 공부나 해 이 녀석아!"라고 했음이 틀림없다.

내가 졸업하는 해 나와 연구실을 함께 쓰고 있던 캐나다 학생이 내게 낄낄거리며 비밀을 밝힌다. "석영. 너 알아? 교수님이 나한테 한 말인데, 교수님이 40년 동안 지도하신 학생 중에 네가 가장 참을성이 없었대. 깍깍." 볼을 뾜록 내민 나도 인정할 수밖에. 나의 인내심 부족을 "fire in the belly"로 봐 주시고 인내해 주신 내 인생의 멘토들 덕에 인내심 부족한 어린이가 과학자가 되었으니 황송하고 감사할 따름이다.

허영

서구 문화에서 흔히 말하는 일곱 가지 죽음에 이르는 죄악은 오래된 기독교 신앙에 근거한다. 기원 후 4세기 경 수도사였던 에바그리우스 폰티쿠스와 6세기 경 가톨릭 교황 그레고리 1세에 의해 현대적인 리스트로 정리되어 오늘날 가톨릭 교회에서 "칠죄종"이라고 부르는 이것은 분노(wrath), 재물에 관한 욕심(greed), 나태(sloth), 교만(pride), 비정상적 성욕(lust), 질투(envy), 탐식(gluttony)을 말한다.

칠죄종의 영어 표현을 보면 고개를 갸우뚱하게 하는 단어가 있으니 그것이 우리가 보통 자부심이라고도 번역하고, 가톨릭 교회에선 교만이라고 번역한 pride이다. 지나친 자부심이 교만을 낳는다고 생각하면 이해가 간다. 이 단어에 대해 내가 특히 공감하는 또 다른 번역은 허영

(vainglory 혹은 vanity)이다.

한때 영화광이었던 나를 충격에 몰아넣은 영화가 있었다. 1997년도에 흥행한 「데블스 애드버킷(The Devil's Advocate)」이다. 우리에겐 영화 「사관과 신사」로 더 유명한 테일러 핵포드 감독의 작품이다. 이 영화는 시골에서 순박하게 성실히 생업에 임하던 변호사(키아누 리브스 분)가 능력을 인정받아 도시로 스카웃되어 오는 상상 속의 과정에서 겪는 온갖 삶의 시험에 관한 이야기를 그린다. 인간의 모습으로 나타난 악마(알 파치노 분)의 다양한 유혹을 모두 이기고 처음 장면의 법정으로 돌아간 그가 의외의, 그러나 올바른 결정을 내리는 장면에서 관객은 마침내 오래 참고 있던 숨을 쓸어내린다. 그런데 영화의 마지막 장면에서 결연한 표정으로 법정을 떠나는 그에게 젊은 기자가 이거 정말 특종이라며 특별 인터뷰를 제안한다. 마지못한 듯, 하지만 뿌듯한 마음으로 인터뷰에 응하는 그의 뒷모습에 기자의 얼굴은 다시 알 파치노로 변하고 (내 맘대로 의역하자면) "허영. 정말 최고의 죄악 아닌가.(Vanity. Definitely, my favorite sin.)"라는 차가운 대사를 내뱉는다. 그리고 영화는 끝이다.

이게 뭐야. 반전이 오늘날처럼 그리 흔치 않던 이 당시 이런 마무리는 여러 관객의 심기를 불편하게 만들었다. 해피엔딩이라고 좋아했는데 뒤끝이 찜찜하다. 그런데 나이가 먹을수록 이 장면이 기억나고 그 메시지에 공감이 간다. 처음 박사 학위를 받고 사회에 진출했을 땐 보통의 욕심이 나의 가장 큰 문제였다. 그 전에 누릴 수 없었던 것들을 누리는 것이 목표인 양 산다. 못 먹던 것 더 많이 먹고 남겨서 버리는 걸 대수롭지 않게 여겼다. 나보다 더 많은 것을 가진 사람들을 부러워하고, 조금만 일하고 많은 대우를 받는 것을 자랑으로 여겨 게을리 일하길 즐기고, 아리따운 이성을 보면 더러운 시선을 보내고, 나보다 쉽게 목표에 도달하는 사람들을 보면 다 사기꾼 범죄자로 치부하고, 내가 겁나서 피하는 작은 죄를 짓는 사람들에게 불같은 분노를 퍼부었다.

나이가 들어가니, 이런 죄악의 요소들이 조금씩 수그러들더라. 뷔페 식당에 가서 내게 필요한 만큼만 먹어도 아깝지가 않고, 세금을 많이 내도 어딘가 좋은데 쓰이겠지 생각이 들고, 누가 나보다 멋진 차를 타고 비싼 가구를 사도 그래야 또 먹고 사는 사람이 생기지 한다. 젊을 땐 아침을 먹느니 잠을 한 시간 더 자고 싶었지만 이젠 장판처럼 눌어붙어 있는 것은 흥미가 덜하다. 그런데 일곱 가지 죽음에 이르는 죄악에서 거의 자유로워지나 했더니 이때, 존재 여부도 알지 못하던 하나가 스멀스멀 기어 올라와 수면 위로 나타난다. 허영이다.

진실은 부력이 있다. 그동안 감춰져 있던 내 악의 모습이 드러난다. 다른 많은 사람들보다 많이 배워 많은 지식을 가진 것이 내 콧대에서, 어깨에서, 발걸음에서 나타난다. 많은 사람들이 모인 자리에 가면 나도 모르게 상석 근처로 발이 움직이고, 내가 속한 집단에 대해 필요 이상의 자긍심을 갖는 것에 더 이상 부담이 없다. 나 외에는 다 속물 같다. 많은 사람들이 내 생각을 듣고 읽고 수긍하는 것이 자연스럽다. 아! 나는 허영에 빠졌다. 악마가 제일 좋아하는 그 죄악.

2부

박사가 되는 길에서 제일 쉬운 것

매트릭스가 보인다

나는 어릴 적부터 학습 연령이 떨어졌던 것 같다. 초중고 교육 과정 중에 성적은 좋은 편이었으나 내가 뭘, 무엇 때문에 배우고 있는지 이해하지 못했다. 사회 시간에 배우는 정치, 경제, 사회와의 관계는 너무 복잡해서 무슨 말인지 알 수 없었고, 윤리 시간에 배우는 동서양의 철학은 분명히 내 삶과 직접적인 관계가 있을 것 같은데 도무지 맥이 잡히질 않았다. 과학도 괴로웠다. 비탈길을 내려가는 공이 어떤 힘을 받는지, 에탄올과 메탄올의 차이는 실생활에서 무슨 의미가 있는지, 하늘의 천체의 좌표를 배울 때면 머리가 빙빙 돌기 일쑤였다.

대학에 들어와 내가 좋아하는 천문학을 전공하게 되었다. 이제 재미없는 것들과는 안녕. 그러나 아니 이럴 수가, 천문학 전공을 위해서는 1, 2학년 동안 오로지 물리와 수학만 공부하는 것이 아닌가. 3, 4학년이 되어서야 비로소 맛보기 천문학을 가르치니 참 감질나서 견디기 힘들었다. 특히 일반물리학, 고전 역학, 현대물리학, 수리물리학, 양자역학, 전자기학, 핵물리학 등으로 연결되는 물리 지배 구조는 내 대학 생활을 건조하게 만들었다.

그럭저럭 천문학과 물리학 이중 전공을 마치고 박사 학위를 위해 미국 유학길에 올랐다. 미국 예일 대학교 천문학과 동기는 나를 포함해 모두 네 명이었다. 두 명은 미국인이고, 한 명은 학부를 예일을 졸업한 인도인 시드니, 그리고 나였다. 훗날 나의 친한 친구가 된 시드니는 나의 첫 해를 침통한 해로 만들었다. 그는 나와 같은 나이 또래이고 비슷한 학부 교육을 받았지만 과학을 이해하는 능력이 훨씬 뛰어났다. 강의 시간에 교수님이 무슨 새로운 우주 현상을 소개해 주시면, 시드니는 그 현상을 가장 잘 설명할 수 있으리라 추측되는 함수들을 줄줄이 뱉어 내었다. 푸리에 분석, 베셀 함수, 르장드르 폴리노미알, 에러 함수, 등등 나도 물론 다 배운 내용이지만 내 머릿속에서는 따로 떨어져 바닥을 헤매고 있는 이런 지식들이 그의 머릿속에서는 하나로 꿰어 있어 멋진 목걸이 보물을 만들고 있었다.

시드니에 비하면 나의 학습 능력은 많이 뒤쳐졌다. 내가 이전에 대학 학부에서 배운 내용들을 온전히 이해하고 있지 못했기 때문이었다. 한마디로 난 대학을 헛다녔다. 강의 시간엔 교수가 무슨 지식을 전달하는지 이해하기만을 목표로 했고, 그 후엔 시험을 잘 치러 좋은 학점을 받는 것이 목표가 되었다. 이렇게 축적된 지식은 오래가지 못했다. 방학은 "재부팅" 역할을 했다. 제대로 저장되지 않은 지식은 그 순간다 날아갔다. 연기처럼.

나는 화가 났다. 왜 내가 이 모양 이 꼴일까? 내 얕은 이해의 원인은 무엇일까? 잘못된 학습 태도였을까? 내가 자연 현상에 대한 진정한 궁금증을 가지고 새로운 지식을 맞이하지 못한 것을 인정한다. 하지만 강의가 충분히 효과적이지 못한 것은 아니었을까? 학부 2학년 때 배운 고전 역학은 3학년 때 처음 치기 시작한 당구장에서 비로소 그 일부가 이해되기 시작했다. 그러면 한 해 동안의 고전 역학 강의는 제대로 된 실험이 없었기 때문에 실패였을까? 아니면, 교수님들의 강의가 좋지 못했기 때문일까? 사실 나도 지금 내가 잘 알지 못하는 내용을 강의하곤 하는데 그럴 때면 학생들이 지루해 하곤 하지 않는가. 교수님들을 탓하자니, 당시 교수님들이 요즘의 교수들보다 두 배 이상 가르친 것을 아는 나로서는 그러기가 어렵다. 내게 나타난 총체적인 난국의 원인은 뚜렷하지 않지만 내 학부 공부가 헛공부였던 것만큼은 확실했다.

기초가 부족했던 나였지만 흥미를 가지고 연구하다 보니 박사 학위를 받게 되었다. 내 나이 만 서른이었다. 가슴 벅찬 첫 직장은 미국 메릴랜드 주에 있는 나사 산하 최대 연구소인 고더드 우주 비행 연구소였다. 아폴로 프로젝트로 유명해진 나사는 최근에도 화성 탐사선 큐리오시티로 많이 회자되는 멋진 곳이다.

당시 내 아내는 뉴저지 주에서 공부 중이었으므로 난 매 주말 세 시간 거리를 오며가며 고속도로에서 보내야 했다. 그날도 여느 월요일 아침같이, 나는 뉴저지를 출발해 메릴랜드를 향해 95번 고속도로를 타고 남하하고 있었다. 델라웨어 주를 지나 메릴랜드 주에 들어갈 즈음이었나 보다. 갑자기 하늘이 너무 눈부시게 아름답다는 생각이 들었다. 아 왜 하늘은 파랗지? 아 맞아 1학년 일반물리 시간에 배운 레일레이 산란. 짧은 파장의 빛이 더 잘 산란된다고 했지 아마. 그럼 어떻게 되는 거야? 햇빛은 태양 표면이 대략 6000도 정도이니 희거나 노란색에 가깝겠지만 흑체 복사 곡선을 따를 테니 무지개처럼 짧은 파장의 파란색부터 긴 파장의 빨간색까지 고루고루 들어 있겠지. 그 빛이 지구 대기에 의해 산란될 땐, 파란색 요소가 더 쉽게 산란하게 될 것이고. 그러니, 태양을 똑바로 바라보면 (TV에 나오는 것처럼) 누르스름하게 보이지만 태양에서 멀리 떨어진 하늘을 보면 하늘이 푸르게 보인다. 이건 태양에서 오는 빛 중에 대기에 의해 꺾여서 산란된 푸른빛만을 보기 때문이지. 그럼 저녁에 보는 태양은 왜 붉을까? 같은 이유일 거야. 태양빛은 짧은 파장의 푸른빛이 더 많이 산란되어 원래 방향을 이탈한다지. 저녁엔 태양의 고도가 낮으니, 지표에 서 있는 사람이 지평선 근처까지 내려와 있는 태양을 보려면, 태양빛은 정오 때에 비해서 훨씬 두꺼운 지구 대기를 통과해야 하는 거야. 그 과정에 푸른빛이 선택적으로 산란되어 빠져 나가니까 남은 빛의 합산을 보는 사람에겐 태양이 붉어 보이겠지.

구름이 바람에 날아가는 줄만 알았더니, 가만히 관찰하니 구름이 새롭게 만들어지며 움직이는 것처럼 보이기도 하네. 구름이 만들어진다는 것은 뭘 의미할까? 구름에서 비가 내리는 것은 왜 그럴까? 우주성간 기체에서 별이 만들어지는 과정은 무엇일까? 빛, 중력, 열, 등 기초적인 개념이 놀랍게도 꽤 갑자기 모두 실체를 드러내기 시작했다.

이런 추론들은 사실 중고등학교 때, 늦은 사람의 경우에도 과학도라면 대학 1학년 때 다 한번쯤 생각해 보게 된다. 레일레이 산란, 흑체 복사 등 이렇게 (과학도에겐) 단순한 개념이 뼛속 깊이 들어와 있지 않으면, 실생활에 적용하기가 어렵고, 상상의 세계같이 느껴지는 우주의 현상을 직접적으로 설명하는 데 동원되기란 더더욱 어렵다.

이 일이 있은 후 나는 과학자로서 완전히 다른 삶을 경험하게 되었다. 친구와 함께 쉬러 간 산타모니카 해변에서, 난 바다가 왜 둥글게 보이는지 감각적으로 알 수 있었고, 포르투갈이 축구 선수 호나우두가 무회전킥을 하면 왜 공이 이상하게 날아가는지 알게 되었다. 수십 년 동안 모르고 지내던 많은 것들이 갑자기 명료하게 이해되기 시작했다.

나는 내 인생에 있어서 이 시점을 세기의 명화 「매트릭스」의 마지막 장면에 비교하곤 한다. 주인공 니오(키아누 리브스)가 매트릭스로 구성된 허구의 세계로부터 인류를 구한다는 이야기인데, 그는 영화 마지막 장면에서 악당 스미스 요원(휴고 위빙)에게 무참한 총격을 받고 사망한다. 하지만 알 수 없는 복잡한 이유와 동료의 사랑과 믿음을 통해 부활하고, 그 후엔 자기에서 쏟아진 총알을 포함해 모든 것이 세상을 허구로 장식한 컴퓨터 코드 매트릭스의 산물인 것을 깨닫게 된다. 한번 이 진실을 깨닫게(!) 된 이후, 모든 것이 변한다. 이제 그를 막을 수 있는 것은 없다. 모든 것이 이해되고, 이해되지 않는 모든 것은 이해되지 않는 것이 이해된다.

내가 이 일을 동료 교수 한 분에게 고백한 적이 있다. "아니 이 교수님, 그 일을 그렇게 늦게 겪었어? 보통은 박사 과정 학생일 때쯤 경험하는데." 헉, 역시 내가 동료 학자들보다 5~6년 학습 능력이 뒤쳐져 왔던 게 확실하군. 난 가끔 심각하게 내가 초등학교를 2~3년쯤 늦게 시작했더라면 훨씬 더 나은 학자가 되지 않았을까 상상해 본다.

● 2001년 가을 아프리카 동쪽 (프랑스령) 레유니옹 섬에서 열린 학회에 참석하는 중 찍은 하늘 사진이다. 저녁 먹기 전 한 시간쯤 휴식 시간 동안 학회 도중 달아오른 머리를 식히려 숙소 앞 해변에 홀로 앉아 『브리짓 존스 다이어리』를 읽었다. 내 앞에 펼쳐진 광경은 이미 수년 전 자연의 매트릭스를 읽게 된 내겐 단순한 아름다움을 넘어 우주의 섭리이다. 왜 하늘은 파란지, 수평선에 가까운 하늘은 붉은지, 달은 왜 저 모양인지, 수평선은 왜 둥글게 보이는지. 그냥 지나쳐 넘길 일이 없다.

과학자가 되기 위해 필요한 것

과학자로서 성공하기 위해선 여러 가지 소양이 필요하다. 물론 가장 먼저는 흥미와 열정이다. 똑똑한 사람이 열심히 하는 사람 못 따라가고, 열심히 하는 사람이 재미있어 하는 사람을 못 따라간다고 한다. 자연을 궁금해 하고, 탐구하는 게 재미있다는데 그런 사람을 어떻게 당하나. 그런 사람이 있겠냐 하겠지만 정말 있다. (우리 학과에 와 보라. 요즘은 대학 내에서 전공을 변경하는 것도, 학부 전공과 직접적인 상관이 없는 대학원으로 진학하는 일도 쉽다. 하지만 우리 대학에서 천문학을 하는 학생들은 학부시절 동안 만족도도 높고, 다른 학문에 비해 졸업율도 높고, 동일계열 대학원 진학률도 현저히 높다. 이미 대학 진학할 때, 부모님들과 선생님들의 반대를 충분히 겪고 전쟁 끝에 살아남아 우리 학과에 들어오게 된 다이하드(die hard)들이 많아서 그런지, 우리 학과에선 동기 부여는 큰 이슈가 아니다. 최근에 1학년 신입생들에게 한마디 해 달라고 요청이 와서 이렇게 말했다. "천문학을 하는 데엔 딱 하나의 문제가 있습니다. 너무 재미있다는 거죠." 그랬더니 학생들이 맞다고 박수치며 깍깍댄다. 아직 맛도 못 봤으면서.)

또 중요한 것이 연구를 성공적으로 수행할 수 있도록 훈련을 받는 것이다. 서울시 교향악단을 지휘하는 마에스트로 정명훈이 아무리 훌륭한 음악가라 하더라도 리허설을 하다 말고 지휘대에서 내려가 연주가 부족한 악기를 대신 연주해 줄 수는 없고, 악성 베토벤이 환생을 하더라도 갑자기 우리 앞에서 정경화처럼 바이올린을 켤 순 없다. 어떤 수준에 오르기 위해서는 반드시 거쳐야 하는 훈련 과정이 있기 때문이다. 사실 이 과정이 과학자가 되는 데 최대의 걸림돌이다. 예를 들어 천문학자가 되기 위한 훈련의 기본은 수학과 물리이다. 대학에 들어와 천문학을 전공하게 되면, 1, 2학년 내내 수학과 물리만 배우게 된다. 3학년이 되어서도 천문학보다 물리 과목이 더 많다. 실제로 천문학을 전공하는 많은 학생들이 물리를 함께 전공한다. 학생들이 훈련 과정이 지겨워서 열 받다가 폭발하는 것을 막기 위해 1학년 때 한 과목, 2학년 때 한 과목 정도 맛보기 천문학을 가르치긴 하지만 아직 수학 물리 기초가 부족한 학생들에게 고도의 물리 현상인 천문학을 가르치는 것은 시작부터 어불성설이다.

내 책을 읽은 고등학생들로부터 종종 문의 메일을 받는다. "저는 과학을 좋아하진 않는데 천문학은 정말 좋아요. 좋은 천문학자가 될 수 있을까요?" 참 대답하기 어렵다. 사실 나도 초중고 과정 중에 수학이나 과학에 특별한 흥미가 있진 않았고 탁월한 재주가 있지도 않았다.

대학에 들어와서도 특별한 학생은 아니었던 것 같다. 하루는 동료 학생중 하나가 "넌 도대체 왜 공부를 잘하는지 모르겠어."라고 진지하게 말해서 날 정말 웃긴 적이 있다. 머리도 좋은 것 같지 않고, 열심히 하는 것 같지도 않고. 뭐 그런 말이렸다. 글쎄, 난 천문학이 정말 좋았던 것 같다. 그게 뭔지도 모르면서. 그래서 훈련 과정이라고 되어 있는 수학과 물리 과목들을 견뎌 나간 것이다. 훈련이 재미있는 사람은 아니었다. 하하. 그 고등학생들의 질문에 대답을 하자면, 훈련은 충실히 받아야 한다. 훈련 때 잘하는 사람만이 실전에서도 잘 한다. 베토벤의 피아노 소나타 「열정」을 들어 본 적이 있는가? 악보를 본 적은? 훈련 없이 우연히 그런 곡을 연주할 수 있게 될 확률은 로또를 100만 번 연속해서 당첨 당하는 것보다 어려울 것이다. 그러니, 학창 시절 수학과 과학에 대한 훈련을 최대한 성실히 받을 각오가 되어 있어야 프로 천문학자가 될 자격이 있다. 훈련이 귀찮은 사람은 다른 꿈을 꾸자.

그런 훈련이 없이도 우주를 계속 감상할 수 있는 방법은 있다. 아마추어 천문학자가 되는 것이다. 요즘은 한국에도 최신 관측기기와 낭만적인 관측소에 쉽게 접근이 가능해서 멋진 아마추어 천문학자가 되는 것이 쉬워졌다. 실제로 일본과 미국에는 프로보다 훨씬 더 많은 수의 아마추어 천문인들이 있어서 대부분의 새로운 혜성을 찾아내는 등, 취미 활동을 넘어서서 과학적으로도 기여한다.

흥미와 훈련이 있으면 다 된 것 같지만 그렇지가 않다. 좋은 과학자들은 연구를 어떻게 정의하고 수행해 마무리 지을지를 잘 안다. 이슈는 연구 수행 능력이다. 내가 미국 예일 대학교에서 학생들을 가르칠 때, 14층짜리 건물의 높이를 각도기 하나만으로 재는 숙제를 낸 적이 있다. 복잡한 삼각함수를 이용한 미적분 문제는 쓱쓱 풀어내는 학생들이 이렇게 간단한 문제에 기상천외하게 답하는 경우가 있었다. 17미터, 20미터 등등. 그럼 한 층에 1미터씩밖에 안 된다는 말인가? 그 안에서 일하는 연구자들은 종일 구부정하게 앉아서 일하는가? 이런저런 이유로 계산이야 누구나 틀릴 수 있지만 어떻게 이런 말도 안 되는 답을 적어 낼 수가 있느냐 말이다. 이런 사람들은 실험과 검증이 중요한 과학계에 부적합하다. 문제를 스스로 발견하고 해결책을 마련해 수행한 후, 프로젝트를 깔끔하고 정확하게 마무리 짓는 능력이야말로 열정과 훈련에 따라야 하는 화룡점정이다.

학문에 대한 열정도 있고, 충분한 훈련도 받고, 연구 수행 능력도 갖춘 사람은 또 무엇이 필요할까? 옛날같이 몇날 며칠을 은둔하며 골똘히 탐구하다가 새로운 발견을 하는 경우는 점점 드물어지고 있다. '소통'이 새로운 화두이다. 일반 사회에서도 마찬가지겠지만 연구자들 간의 의사소통은 공동 연구가 점점 중요해지는 현대 과학계의 필수 요소다. 물론 언어 능력도 빼놓을 수 없다. 나는 얼마 전 우리 그룹을 이끌고 프랑스의 연구진들과 일주일간 공동 워크숍을 가진 적이 있다. 워크숍을 마치고 돌아가는 길에 프랑스 교수가 내게 조용히 와서 하는 말이 우리 학생들의 연구 능력이 세계 최고 수준임에 크게 놀랐지만 그들이 수준에 맞게 인정받기 위해선 영어 실력부터 향상시켜야 한다는 것이다. 우리가 한 일을 이해하는 게 너무 힘들었다는 이야기다. 다른 나라도 아니고, 프랑스 친구에게 이런 말을 듣다니! 나도 절절히 느낀다. 같은 이유로 지난 7년 동안 우리 그룹의 그룹 미팅은 영어로 진행되어 왔다. 주로 이 시간 동안 난 흰 머리가 많이 늘고 우리 학생들은 위산 과다가 된다. 그런데 여기서 핵심은 단순히 영어를 잘 구사하는가가 아니다. 영어를 모국어로 쓰는 외국인의 경우에도 자기가 한 일을 효과적으로 전달하지 못하는 경우가 허다하고, 우리나라 사람들도 우리말로 글을 쓰거나 말을 한다고 언제나 만족스럽게 의사소통이 되는 것이 아니다. 언어 능력은 상상력과 논리, 다른 사람을 배려하는 마음 등 여러 인성의 요소들과 훈련에 근거한다. 나는 좋은 과학자가 되기 위한 긴 여정에는 성장 과정에 자유의지를 가지고 책을 많이 읽고 글을 쓰는 것이 전교 1등을 하는 것보다 훨씬 더 중요하다고 생각한다.

흥미, 훈련, 연구 수행 능력, 소통, 나열하고 보니 어느 분야든지 전문인이 되기 위해 필요한 소요인 것 같아 갑자기 멋쩍어진다. 역시 과학자도 보통 사람이다.

● 글로벌 스탠다드가 적용되는 최첨단 연구일수록 그 결과를 국제 학회에서 발표하고 비판을 수용하는 것은 필수이다. 나는 매년 여러 차례 국제 학회에 참가해 우리 연구팀의 연구를 공개한다. 2010년 1월 미국 워싱턴 D.C.에서 열린 미국 천문 학회를 참가해 타원 은하의 자외광 상승 효과에 관한 연구를 발표하는 모습이 찍혔다. 국제 학회에서 감동적인 강연을 한 번 하는 것이 좋은 논문을 여러 편 쓰는 것보다 그 연구 결과를 알리는 데 더 효과적일 수도 있다. 이를 위해 자신의 의견을 논리적으로 피력하고 필요하면 대가들에 맞서 논쟁을 할 수 있는 능력이 필요하다. 물론, 영어로 말이다.

젊은이들이 지향하는 직업

얼마 전 신문에서 흥미로운 기사를 읽게 되었다. 젊은이들이 가장 선호하는 직업이 공기업이라는 기사인데 그 이유가, 일은 비교적 힘들지 않지만 보수가 많고 정년이 보장되어 있어서라는 것이다. 또 다른 선호되는 직장은 초중고 교사라는데 일이 단순 반복적이고 긴 여름과 겨울 방학이 있어 자유 시간이 많다는 것이다. 이런 직장 마다할 사람이 없겠지만 왠지 기사를 읽는 내내 마음이 씁쓸했다. 내 마음을 들켜 버린 것 같아서 쑥스럽기도 하고, 20대 젊은이들에게서 기대했던 답과는 거리가 있어서였기도 하다.

영국 옥스퍼드 대학교에서 교수로 있을 때 이런 일이 있었다. 대학원 입학 지원생들을 심사했는데 한 지원자당 30분 정도 면접 심사를 했다. 영국 학생들도 우리나라 학생들과 비슷하겠지만 그때 참 신기한 학생을 하나 만났다. 우리 심사 위원들의 질문을 모두 훌륭하게 대답하며 오히려 우리에게 도전적인 질문을 하던 그 친구에게, 내가 마지막으로 물었다. "자넨 우리 학과에 들어오면 어떤 연구 주제를 택하고 싶은가?" 그랬더니 그 친구 하는 말, "예. 저는 가장 어려운 문제를 풀고 싶습니다. 다른 사람들은 제때 졸업하기 위해 회피하고 싶어 하지만 제일 중요한, 그런 문제요." 우리 모두 이 청년의 배포에 깜짝 놀랐다. 우린 만장일치로 이 학생을 합격시켰지만 그를 케임브리지에 빼앗기고 말았다. 하지만 우린 그날 꽤 흐뭇했다. 아, 아직 우리 젊은이들 가운데 현실을 넘어 이상을 보는 이들이 있구나.

사는 데 중요한 동기 부여는 이상에서 찾을 수 있다. 내가 하는 일이 조금 어렵더라도, 그 일로 내 이상이 실현된다면 힘든 일도 극복할 수 있다. 그 이상은 박지성처럼 체구가 조금 작더라도 훌륭한 축구 선수가 되는 것일 수도 있고, 노무현 전 대통령처럼 대학 교육도 못 받았지만 한 나라의 비전을 제시하는 것일 수도 있다. 무직자인 것 같지만 세계를 여행하며 느낀 바를 나누어 수많은 사람에게 비전을 주는 또 다른 한비야가 되는 것일 수도 있고, 이름이 드러나지 않는 누추한 곳에 머물면서 절망에 빠진 사람을 하나씩 희망으로 인도하는 테레사 수녀와 같은 사람이 되는 것일 수도 있다.

꼭 정답이라고 말할 수는 없지만 내가 젊은이들에게 기대했던 선호하는 직업엔 이런 이상에 관련된 것들이 있었다. 사회 사업가가 된다든가, NGO에 들어가서 정부 차원에서 할 수 없는 일을 해 본다든가. 의사가 되어 돈을 많이 벌고 싶다는 마음은 거부할 수 없더라도 그래도 종종 한국의 슈바이처가 되고 싶다든가, 유전무죄 무전유죄라고 외치는 서민을 대변하는 법조인이 되고 싶다든가. 이런 포부는 「도전 골든벨」에 나오는 10대의 마음엔 있을지언정 내가 매일 겪게 되는 20대의 입술에선 잘 나오지 않는 것 같아, 마음이 조금 허전해진다.

우리 기성세대는 이상을 잃어 가는 세대이다. 우리도 한때 우리가 세상을 운영하면 세상이 더 행복해질 것이라고 생각한 적이 있었다. 가슴이 뜨거운 이들은 거리로 나가 이상을 외쳤고, 머리가 차가운 이들은 자신의 일에 전념하면서, 각기 다른 방법으로 이상을 배양해 나갔다. 하지만 맞닥뜨린 세상의 현실은 이상과 괴리가 있었고, 푸른빛 젊은 이상은 시간이 흐를수록 색이 옅어져 갔다. 우리의 이상이 그 존재를 잃어 갈 즈음 우리는 젊은이들의 신선하고도 무모한 이상을 새로이 갈망한다. 우리 모두가 함께 이 능선을 넘어가기 위해선 새로운 정열이 필요한 것이다.

우리나라의 미래에 희망이 있을까? 인류에게 더 나은 미래에 대한 희망이 있을까? 분열되어 보이는 정치적 견해와 종교적 독트린에 밝은 미래가 있을까? 나는 이런 인류의 평화와 가치에 대한 갈망이, 이상을 갖는 것에서 원동력을 찾을 수 있다고 생각한다. 결국 다 퇴색해 가는데 왜 굳이 이상을 따라야 하는가 물을 수 있을 것이다. 하지만 이러한 이상이 계속 젊은 가슴 속에 싹트지 않는다면 역사의 진보는 이룩하기 어렵다. 역사는, 각 주자가 자신의 몫을 다했을 때 비로소 완성되는 릴레이 경주로 비유할 수 있다. 이상을 품은 젊은이는 우리 역사의 다음 주자이다.

앞서 이야기한 요즘 젊은이들이 선호하는 직장이 그들이 생각하는

● 영국 옥스퍼드 대학교 올소울즈 칼리지의 위용. 15세기 중세 고딕 건축 양식의 정수이다. 내가 옥스퍼드 대학교에 교수로 부임해서 갈 때, 그곳을 잘 아는 지인이 이런 말을 했다. "이 박사가 옥스퍼드에 가서 5년을 지낸 후 그 분야의 대가가 되지 못한다면 그건 무조건 이 박사의 능력이 부족한 탓이다." 그곳에서 숨만 쉬고 살아도 5년만 지나면 대가가 될 정도로 그곳의 학구적 분위기가 대단하다는 것이다. 나는 아쉽게도 4년 만에 급히 귀국하는 바람에 대가가 못 되었으니 온전히 내 책임만은 아니지 않을까. 하하.

것처럼 그리 쉬운 직장은 아닐 게다. 국가를 위해 공기업에서 사명을 다하는 것이 다양한 의견을 조율하고 보듬는 어려운 일이고, 수많은 사람들에게 삶을 보장하는 큰 보람을 줄 수 있다는 것에 이견이 없다. 또한 나는, 전에 이미 여러 번 밝힌 바와 같이 교사라는 직업이 인간이 택할 수 있는 가장 고귀한 것이라고 믿는다. 그렇기에 더더욱, 이런 직장들을 글머리에 언급한 그런 이유로 선호하는 일부 젊은이들에게 심각하게 그들의 직업관에 대해 재고하길 당부한다. 우리의 사회를 기쁜 마음으로 젊어지고 갈, 큰 이상을 가진 젊은이라면 직장을 선택하는 이유가 남달라야 할 것이다. 큰 이상을 품은 젊은이에게 "쉬운 직장"은 오히려 도전이 없는 심심한 직장이며, 수행한 일에 합당한 처우를 하지 않는 불공정한 직장이며, 그런 상황이 은퇴할 때까지 계속되는 절망적인 직장이라고 보일 수도 있다.

2퍼센트의 비밀

내가 오랜 해외 생활을 마치고 귀국했을 때 처음 들어 본 생소한 표현 중에 "2퍼센트 부족하다"가 있었다. 확실히는 아니지만 그 표현이 뭘 뜻하는지를 대충 알 것 같았다. 하루는 대학 1학년 대상 교양 강의 도중에 그 표현의 기원이 궁금하다고 고백했더니, 며칠 후 한 친절한 학생이 자세한 설명을 전자우편으로 내게 보내 주었다. 음료수의 이름인데 뭔가 조금 허전할 때 마시면 딱 좋다는 뜻으로 내보낸 광고가 크게 주목을 받았다고 한다. 2퍼센트 부족하게 느낄 때, 이 음료 한 잔이면 부족함이 해소된다. 허! 참으로 기발한 고안이다.

그런데 내겐 이 2퍼센트 표현이 약간 다른 의미로 다가왔다. 내가 미국에서 박사 과정 연구생으로 있던 시절이었다. 내가 있던 학교는 학생에게 크게 자유를 주었다. 나의 예를 조금 자세히 이야기해 본다. 대학원 2학년을 마칠 때쯤 지도 교수를 정하기 위해 내가 평소 관심 있던 두세 분의 교수님들과 면담을 한 후 그중 두 분을 공동 지도 교수로 모시기로 결정했다. 그분들이 관심 있어 하시는 연구 분야가 내게도 흥미로웠기 때문이다. A 교수님은 내 학비와 생활비를 대 주셨으나 졸업할 때까지 만난 것이 손꼽을 지경이었고, B 교수님은 늘 연구실을 지키고 계셨지만 내가 하는 연구 분야에 대해 전문가가 아니셨다. 박사 과정 연구를 하는 36개월 동안 구체적인 연구 주제의 결정, 수행 방법 탐구와 결정, 수행, 그리고 논문 작성까지 모든 것을 내 주도 하에 했고, 내 지도 교수님들은 가끔씩 내 이야기를 듣고 얼굴을 찌푸리거나 운 좋으면 씩 웃어 주는 게 고작이었다.

나는 졸업을 앞두고 내가 수행한 연구 내용을 학술지에 발표하기 위해 논문을 작성했다. 그런데 처음 쓰는 논문이라, 뭘 어떻게 써야 하는지 영 갈피를 잡을 수가 없었다. 대충 마무리를 지은 후, 두 교수님께 초고를 드리고 읽어 봐 달라고 부탁을 드렸다. 그런데 B 교수님은 "괜찮군!"이라고 하신 게 전부이고, A 교수님은 잘 받았다, 읽어 보겠다, 바쁘다, 좋다 나쁘다 등 일말의 연락도 없이 잠수를 타셨다. 따끔한 충고와, 부드러운 칭찬 등, 필요한 조언을 기대하던 나는 크게 실망하고, 두 분 지도 교수님께 최후의 통첩을 드렸다. "2주 안에 아무런 말씀을 안 하시면, 논문 내용 전체에 대해 제 의견에 동의하시는 것으로 알고, 제가 제1저자의 권한으로 학술지에 제출하겠습니다." 그 후에도 한마디도 없으셔서 그냥 출판했다. 내가 오늘날 약간 괴팍한 행동을 보인다면 그때 받은 충격의 결과일지도 모른다. 허허.

이렇게 내팽개쳐진 채 어찌어찌해 졸업을 한 후 십수 년이 흘렀고, 나는 그럭저럭 학자의 모습을 갖추게 되었다. 그런데 내가 종종 상담을 할 수 있었던 B 교수님이 이런 말씀을 하셨다. 어떤 학생은 늘 기대보다 조금씩 모자라게 해 온단다. 다음 면담 때에도 성실한 연구 결과를 제출하지 않는다면 반드시 징계를 해야지 하고 마음을 먹는데 징계를 하기엔 너무 많은 일을, 그러나 결코 만족스럽지 않은 양의 성과를 가지고 오는 것이다. 반면에 또 어떤 학생은 기대하는 것보다 늘 한 발짝 더 나아가는 성과를 가지고 온단다. 실제적으론, 이 두 경우 다 웬만하면 졸업까지 이른다. 그런데, 학교를 떠나 독립적인 학자가 된 그 둘의 차이는 갈수록 커져서 결국 다른 클래스의 학자가 되기 십상이란 말이다. 나는 이 말이 그렇게 무서울 수가 없었다. 결국 빗방울이 바윗돌을 뚫는다는 말이구나. 나는 어떤 경우에 속하는 학생이었을까?

대학에서 학부 1, 2학년 때는 대부분 다양한 경험을 하느라 정신이 없다. 남학생의 경우는 특히 군대를 다녀온 후 3학년에 복학을 하는 경우가 많다. 대부분 3학년이 시작되는 즈음엔 이제 열심히 살아 보리라 고 결심을 하게 된다. 대학 졸업까진 24개월이 남았다. 또한 대학원의 석사 과정은 대략 24개월 동안 수행된다. 대학원에 들어오는 학생들은 대부분 훌륭한 학자가 되고자 하는 큰 뜻을 품는다. 학기가 시작하는 꽃피는 봄엔 그야말로 연구실의 형광등이 밤의 꽃밭을 만든다. 2퍼센트의 비밀을 풀기 위해 나는 이 표현을 듣고 계산기를 사용해 1.02의 24제곱과 0.98의 24제곱을 계산한다. 앞의 것은 대략 1.61, 뒤의 것은 대략 0.62이다. 그리고 손으로 내 이마를 쳤다.

이 계산에 따르면, 24개월 동안 매달 2퍼센트씩 기대 이하의 노력을 기울인 경우엔 결국 처음 목표의 62퍼센트만 달성하게 되고, 2퍼센트씩 기대 이상의 발전을 거듭하는 경우엔 처음 목표의 161퍼센트를 달성하게 된다. 같은 기대와 이상을 가지고 시작한 이 두 사람은 단 2년간의 과정 끝에 약 3배 차이나는 성과를 손에 쥐게 되는 것이다.

물론 24개월 동안 끊임없이 기대 이상의 노력을 기울이는 것은 어려운 일이다. 하지만 마음먹기에 따라서 2퍼센트가 아니라 10퍼센트를 뛰어넘는 것도 분명히 가능하니, 24개월을 2퍼센트 초과 달성을 하는 것이 불가능한 것만은 아니다. 반면, 24개월 동안 2퍼센트 기대 이하로 일을 하는 것은 매우 쉽다. 여기서 입꼬리가 살짝 올라가는 사람들은 내가 무슨 말을 하는지 알 것이다. 2퍼센트 아니라 20퍼센트도 아주 쉽다. 결국 바로 이 2퍼센트가 24개월을 넘어 일생 동안 누적되어 최후의 나를 완전히 다른 모습으로 만들 수도 있다는 말이다.

2년 후에 몸짱이 되고 싶은가, 2년 후에 좋은 논문을 쓰고 싶은가, 2년 후에 월급을 더 많이 받고 싶은가, 은퇴 후에 흐뭇하고 싶은가. 우리의 단기 혹은 장기 목표가 무엇이든지, 오늘부터 한 달에 2퍼센트씩만 내 능력에 기대되는 것을 뛰어 넘어 성취하면 목표에 도달할 확률이 몇 배로 높아진다. 이것이 내가 깨달은 2퍼센트의 비밀이다.

한국 대학의 순위

요즘 우리나라는 경쟁이 극에 달해 보인다. TV에선 노래, 연기, 우리말 실력, 개그 실력, 온갖 순위 매기기 경쟁이 치열하다. 일상에서 겪는 것과 비슷한 실감나는 경쟁을 보며 시청자들은 손에 땀을 쥔다. 최근에 막을 내린 런던 올림픽은 세상 모든 사람을 종목별로 줄 세우는 대회가 아닌가.

직접 겨루지 않고도 누가 더 센가를 알아내는 것은 그리 어렵지 않다. 인터넷을 서핑하다 보면 없는 정보 빼곤 다 있으니, 바야흐로 정보 공유의 시대를 살고 있는 우리에게 비교는 재미있는 놀이이다. 우리나라와 영국 중 어느 나라가 더 클까? 최근 20-50 클럽에 가입했다고 좋아하는데 다른 어떤 나라들이 일인당 국민 소득이 2만 달러가 넘으며

5000만 명 이상의 인구를 가지고 있을까? 이렇게 흥미로운 겨루기 놀이도 때론 사람을 지치게 한다. 그 가치에 대해 오해를 하거나 지나칠 때 그렇다.

내가 영국 옥스퍼드 대학교에서 일할 때의 일이니 벌써 10년 전의 일이다. 하루는 한국의 주요 방송사에서 옥스퍼드 대학교 취재를 나왔다고 했다. 나를 인터뷰하겠다고 하기에 뭐 그러라고 했다. 나는 그날 박사 과정 학생 졸업 심사를 주관하는 심사관이었기에, 옥스퍼드 전통을 따라 검은 가운과 흰 나비넥타이를 하고 있었다. 기자에게 눈요기가 되었을 것이다. 한쪽에선 커다란 녹화 카메라가 돌고, 다른 기자는 다양한 질문을 했다. 질문의 요지는 "어떻게 한국의 대학이 옥스퍼드 대학교와 같이 발전할 수 있겠는가?"였다. 한국의 세계적인 교육열에 비교할 때 아직도 한국의 대학들이 세계에서 순위가 낮은 것이 많이 자존심이 상할 테니 이해할 만한 질문이다.

기대에 가득 차 있는 기자와 멋진 장면을 사냥하며 맹렬히 돌고 있는 카메라 앞에서 내 답은 간단했다. "안 돼요. 금방은. 절대로." 기자는 아마도, "아 우리나라의 대학은 이러저러한 면이 좋은 반면 다른 면들은 뒤쳐지니 어찌어찌 하면 기대해 볼 만합니다."라는 식의 답을 원했을 텐데, 내 답은 매우 부정적이었고 얼음처럼 차가웠다. 내가 이렇게 생각한 이유는 다음과 같다.

지금 세계를 주름 잡고 있는 대학들을 지명도 높은 대학을 중심으로 열거해 보자. 영국의 옥스퍼드 대학교와 케임브리지 대학교, 미국의 하버드, 예일, 프린스턴 대학교, 일본의 도쿄 대학교와 교토 대학교, 스위스 연방 공과 대학교 취리히, 오스트레일리아 국립 대학교. 여기에 미국 대학들 열 개 정도와 영국 대학들 서너 개를 더하면, 세계 랭킹 25위 정도까지의 대학을 얼추 다 포함하는 것이 된다.

이렇게 말하면 지구상의 많은 사람들이 의아해 한다. 북경 대학교는 인구 10억 명의 중국에서 가장 우수한 인재들이 모이는 곳이 아닌가? 인구에 걸맞게 올림픽도 중국이 1, 2위를 다투는데 왜 대학 순위에는 북경 대학교가 없나. 또 다른 거대한 국가 인도의 저명한 인디아 공과 대학(IIT)도 천재들만 들어간다고 하는데 세계 순위에는 눈 씻고 찾아봐도 없다. 200 몇 위에 있다는 소문이 들릴 뿐. 이렇게 각 지역에선 내로라 하지만 세계 무대에선 존재가 희미한 대학이 무수히 많다. 그럼, 북경 대학교, 인디아 공과 대학, 그리고 한국의 명문 대학은 옥스퍼드 대학교, 하버드 대학교에 비해 무엇이 모자랄까?

우선 국가 사회적 인지도가 모자란다. 상품도 브랜드의 가치를 먼저 인정받는 것처럼, 대학들도 국가의 인지도에 따라 그 인정받고 기대되는 것이 크게 달라진다. 안타깝지만 우리나라는 아직 다른 선진국들에 비해 국가 브랜드 가치가 높지 못하다. 세상 사람들의 눈엔, 그런 나라에서 대단한 것이 나오리라 아직 기대하지 못하는 것이다. 어떤 이들은 국가적 인지도를 허상으로 보겠지만 난 실체를 꽤 잘 반영한다고 생각한다. 다만 국가적 인지도의 개선은 오랜 시간이 필요하다. 우리나라가 최근 50년 동안 비약적인 경제 발전을 보여 줬지만 상대적으로 짧은 기간 동안 발달이 가능한 경제적 진보만으로 오랜 세월을 통해 이룩되는 국가적 위상을 쉽게 대변하기엔 무리가 있다.

국가 인지도와 관련된 가치가 전통이다. 앞서 나열한 저명한 대학들은 비교적 근대적이고 민주적인 환경에서 설립되고 오랜 세월 동안 그들이 지향하는 가치를 추구해 왔다. 상대적으로 역사가 짧은 대학들(예를 들어 오스트레일리아 국립 대학교)도 사실은 그 전부터 존속하던 영국의 전통을 계승했다는 면에서 유구한 역사를 가졌다고 보아야 한다. 전통, 즉 문화적 유산(heritage)에 관한 이야기이다. 우리나라의 현대적 교육의식은 100여 년 전에 거의 씨앗부터 새롭게 시작한 터이니, 우리의 대학이 아직 충분히 영글 시간을 갖지 못한 것이 사실이다. 문화유산을 먹고 자라는 대학 문화도 짧은 기간 동안 성장하기 어렵다.

우리 대학들은 내가 대학 학부생이던 30여 년 전에 비해 괄목할 만한 성장을 했다. 하지만 아직 멀었다. 선진 대학들에 비해 교수 1인당 담당하는 학생의 수는 서너 배에 달하니 세계적인 연구를 찾고 수행할 시간이 절대 부족하다. 국제적인 인지도를 높이기 위해서는 국제적으로 인정되는 학술지에 논문을 발표하고 중요한 학회에 가서 강연을 하기도 해야 하는데 우리는 아직 그런 언어적 훈련을 받은 적이 없다. 하루아침에 중등 영어 교육을 완전히 영어로 하라는 어느 대통령의 지시에 국무회의부터 영어로 진행하면 우리도 하겠다는, 재치있는 그러나 뼈있는 어느 가수의 답변이 정곡을 찌른다. 이런 일은 하루아침에 되지 않는다. 50년에 될 일이 있고, 500년에 될 일이 있다.

옥스퍼드 대학교는 1096년에 설립되었다. 그 후 900년 넘게 그 전통을 계승 발전시켜 왔다. 조지 왕조, 빅토리아 여왕 시대, 그리고 엘리자베스 여왕 시대를 거친 거물 영국이라는 국가 인지도와, 1600년대부터 시작된 민주주의 사고 방식을 가지고 발전해 온 옥스퍼드 대학교를 어떻게 닮을 수 있을까라는 기자의 질문에 안 돼요라고 잘라 말한 이유이다. 그 대신 난 이렇게 제안했다. 우리는 우리 방식대로 발전시켜

나가자고. 어쩌면 우리도 900년이 걸릴지도 모르지만 역사를 통해 잘 배우면 미국처럼 300년, 일본처럼 150년 동안에 할 수 있을지도 모른다고. 하지만 서두르면 오히려 일을 그르칠 수 있다. 내가 기자에게 말했다. "뭐가 그렇게 불안합니까? 남들은 1등인데, 나는 500등이라 불안합니까? 이런 건 오래 걸리는 거라니까요."

두 시간이 걸친 인터뷰 끝에 기자의 얼굴이 굳어진다. 내가 활짝 웃으며 질문했다. "오늘 인터뷰 하나도 못 나가죠?" 기자가 머리를 긁으며 "예."라고 대답한다. 정중하게 취재 취지와 맞지 않아서라고 말하지만 나는 안다. 그래 이건 국민이 듣고 싶은 답이 아냐. 특집 방송에서 난 철저히 배제되었다. 흰 나비넥타이를 보여 줬어야 했는데. 허허.

요즘 대학들이 난리다. 어떤 대학은 작년보다 세계 순위가 50위 올랐다고, 또 어떤 대학은 순위가 떨어졌으니 큰일이라고. 우리뿐이 아니다. 내가 최근에 방문한 어떤 외국 대학은 그 대학의 순위 중 아주 잘 나온 것 하나를 학교 정문에 거의 고정적으로 게시했다. 이런 호들갑이 나에겐 이렇게 들린다. "어떡하지. 나 작년보다 키가 50센티미터 작아졌어." "아싸. 난 1년 만에 1미터 컸다." 똑같은 사람들이, 똑같은 학생들을 지도하고, 똑같은 시설 속에서 연구하면서 정말로 어제보다 오늘 세계 랭킹이 몇십 위 올라갈 수 있다고 믿는가? 엉뚱하게 서로 의사소통도 안 되면서 영어 강의 숫자 늘려서 순위가 몇 계단 오르면 그게 진실을 반영하는가? 그게 우리가 추구할 가치인가? 이런 과정 중에 스스로 부끄럽게 느끼며 시나브로 잃게 되는 프라이드는 세계 순위에 어떻게 작용하는가?

영웅은 있는가

내 인생에 가장 스트레스가 심했던 순간은 아마도 2004년 겨울이었을 것이다. 나는 당시 이전 10년과는 전혀 다른 새로운 연구를 시작했는데 내용이 꽤 파격적이어서 2005년 1월 미국 천문 학회에서 초청 강연을 해 달라는 요청을 받았다. 미국 천문 학회는 2000명 이상이 참석을 하는 대규모 학회라서 동시에 20개 정도의 방으로 나뉘어 주제별로 따로 세션이 진행되는데 내가 하게 될 초청 강연은 모든 세션을 멈추고 전원이 참석하도록 권장되는 '전원 참석(plenary)' 강연이어서 그 분위기가 범상치 않다.

처음 요청을 받은 2004년엔 기분이 좋았다. 아, 내가 하는 연구를 궁금해 하는 사람이 다 있구나. 그런데 시간이 가까워질수록 혈압이 올라가기 시작했다. 12월 초쯤 되었더니, 출근을 하는 중에 뒷목이 뻐근하고 당기는 것을 느끼기 시작했다. 난 혈압 문제가 있어 본 적이 없는데 생전 처음으로 "이러다가 순직할 수도 있겠구나."라는 생각이 들었다. 잠을 자고 있는 순간에도 시계 초침 소리가 계속 째깍째깍 들리고. 마치 내 삶의 마지막이 다가오는 것같이. "아! 이거, 능력이 안 되는 내가 괜히 이 강연을 한다고 승낙을 해 사서 고생을 하는구나. 벌을 받아도 싸다 싸!" 입만 열면 이런 소리가 나왔다. 주위 동료들에게 하소연을 할 수도 없었다. 조금 앓는 소리를 시작하려 하면 전부 나를 무슨 잘난 척하는 짐승으로 보는 듯 했기에.

시름만 깊어 가던 차에 흥미로운 일이 생겼다. 크리스마스를 얼마 남겨 둔 겨울날에 미국 칼텍의 저명한 천문학자 리처드 엘리스 교수가 나를 방문하기를 희망했다. 전부터 세계적인 명성을 알던 차에 나는 황공한 마음으로 엘리스 교수를 맞이했다.

엘리스 교수는 전설과 같은 존재다. 영국 옥스퍼드 대학교에서 태양 물리로 박사 학위를 받고, 더럼 대학교로 옮긴 후 완전히 연구 주제를 바꾸어 은하 진화 연구를 수행하고, 요즘은 칼텍에서 관측우주론을 연구하는 르네상스맨이다. 태양 물리를 하다가 관측우주론을 하는 것은, 포병 장교로 임관을 한 후 전투기 조종사로 일하는 것과 비교할 만한 것이다. 그러니 나 같은 범인에겐 정말 우러러볼 대상이었다. 그런데 그가 옥스퍼드를 방문해 세미나 강연을 하게 되었다. 학자들은 어느 곳에 가든지 자신의 학문 세계에 대해 강연을 할 준비가 되어 있는 것이 이 바닥의 법칙이다.

원래 계획되어 있지 않던 세미나를 엘리스 교수를 위해 만들었는데 그의 명성만 가지고도 많은 청중을 끌어모을 수 있었다. 마흔 장 정도의 슬라이드로 구성되어 있었던가. 발표 내용 중 내가 문제 삼고 싶은 것은 단 한 글자도 없었다. 한마디로 완벽한 강연이었다. 머리 뒤로 보이는 광채! 와우. 저런 분이 과학자라면 나는 아니다. 모두들 크리스마스를 바로 며칠 앞두고 큰 선물을 받아가는 듯한 느낌이었으리라.

강연을 마친 후 위대한 엘리스 교수를 내 비천한 연구실로 모시고 갔다.

나: 아! 리처드. 바보 같은 질문이 몇 개 있는데 …….

(부끄러워서 강연 땐 하지 못하고 감춰 두었던 나의 회심의 질문을 던지려는 찰나에 그가 손을 저으며 말하길)

엘리스: 석영, 잠깐 잠깐. 내게 10분만 주게.

나: 아니 왜 그러세요. 어디가 불편하세요?

엘리스: 아니 별 거 아니네. 강연 때 너무 긴장을 했더니 숨을 잘 쉴 수가 없어서.

나: 뭐라고요? 리처드 엘리스가 강연 때문에 긴장을 한다고요?

엘리스: 물론이지. 세계적으로 정평이 난 옥스퍼드 과학자들이 한 자리에 모여, 무슨 쓸모 있는 말을 들을 수 있을까 냉철한 머리를 들고 귀를 쫑긋하고 있는데 왜 떨리지 않겠나?

그러고 보니, 슬라이드 하나하나 공을 들여 그 누가 보든지 듣든지 오류를 찾을 수 없도록 최선을 다한 흔적이 여실하다. 그런 마음은 바로 청중을 존중하고, 학자로서 진실을 말하려 애쓰고, 또한 자존심을 지키려는 노력의 결과가 아닐까. 나는 갑자기 어깨 위를 짓누르고 있던 무게가 스르르 녹아내리는 것을 느꼈다.

리처드 엘리스가, 대가의 반열에 오른 리처드 엘리스가 100명도 안 되는 청중 앞에서 이렇게 긴장을 하는 게 정상이라면 내가 2000명 앞에서 치를 그 홍역에 긴장하는 것은 너무도 자연스러운 것이 아닌가. 긴장을 하면서도 학자로서 이런 상황을 스스로 만들어 부딪혀 나가는 것이 학자의 자세라면, 나도 내게 드리운 태풍을 두려워하면서도 의연히 받아들여 맞서 나가야 하는 것이 아닌가.

영웅은 없는가. 나보다 훌륭한 사람들은 다 나와는 근본적으로 다른 사람인 줄 알았는데 알고 보니 같은 인간이다. 너대니엘 호손의 소설에 등장하는 어떤 평범한 사람도 어느 날 보니 자신의 얼굴이 바로 큰바위 얼굴이었다고 하지 않는가.

이 일 후로, 난 마음에 평안을 찾았고 결국 차분한 태도로 강연에 임할 수 있었다. 같은 날 다른 초청 강연이 케임브리지 대학교의 세계적인 석학 마틴 리즈에 의해 주어졌으니, 아마도 청중으로 앉아 있던 사람들 중 대부분은 내 강연이 시시했다고 느꼈겠지만 나는 개의치 않는다. 내가 즐거워하는 것을 내가 할 수 있는 범위 내에서 했다. 부족했겠지만 다음엔 아마도 조금 나을 것이다.

박사가 된다는 것

요즘 한국엔 박사가 인구 1000명당 3명 정도 된다는 기사를 읽은 적이 있다. 미국의 경우엔 100명당 1명꼴이라고 들은 기억이 맞는다면 아무리 교육열이 높은 한국이라도 아직은 어떤 사람들이 말하는 것같이, 박사가 길에 채는 것은 아닌가 보다. 그럼 박사가 된다는 것은 무얼 의미하는 것일까?

우주소년 아톰과 로보트 태권브이와 함께 초등학교를 다닌 우리 세대의 경우, 박사라고 하면 나이 지긋하고 외모에 신경 안 쓰는, 아인슈타인의 노년기 사진을 닮은 캐릭터를 떠올리게 된다. 지구가 위기에 처했을 때 대비책을 마련하는 사람. 심지어 주인공들끼리 의견 대립이 있을 때 지혜롭게 해결하는 사람. 모든 것을 다 아는 사람. 우리 세대는 초등학교 시절 상당수가 과학자, 박사, 교수 같은 미래 직업을 꿈꾸었는데 여기엔 로보트 태권브이도 기여를 했겠지만 지식인과 지혜를 존중하던 당시 우리나라의 문화 영향이기도 하리라.

박사는 보통 "한 분야에 최고 학위를 가진 전문가"로 이해된다. 박사 이상은 없다. 보통, 의학 박사 누구, 공학 박사 누구 하고 부르니, 이 정의가 쉽게 와 닿는다. 그런데 재미있는 것은 박사의 영어식 표현이다. Ph.D. 혹은 D.Phil. 등으로 표기되는 영어 표현을 풀어쓰자면 Doctor of Philosophy, 즉 철학 박사이다. 처음 유학을 나갔을 땐, 이 표현의 기원이 궁금했다. 난 이학 박사가 되려 하는데 왜 우리 학교는 나에게 Doctor of Science 학위를 주지 않고 Ph.D.를 주는 것일까? 위키피디아 온라인 사전은 그 기원에 대해, 이때 철학이 '학문'을 통칭하기 때문이라고 풀이한다. 중세 유럽에선, 신학, 의학, 법학을 제외하고 나머지는 모두 철학으로 분류했다는 것이다. 흠. 별로 받아들이기 쉽지 않다. 음악, 천문학, 수학 등은 이미 2000년 전 고대 그리스 시대에도 독립된 학문이지 않았나. 게다가 이학 석사는 여전히 M.Sc.(Master of Science)라고 부르니, 이런 설명이 마음에 와 닿지 않았는데 이 기원에 대한 내 나름대로의 이해가 찾아왔다. 내가 박사 학위를 받을 때.

나는 한국에서 학부와 석사를 마치고, 미국으로 유학길에 올랐다. 한국에서 석사 마지막 학기에 부랴부랴 미국 박사 과정에 다섯 곳 정도 지원을 했다. 그런데, 모두 불합격 통보를 받았다. 크게 실망했다. 나름 성실하게 대학 생활을 해 왔다고 자부하고 있었는데 처참한 결과이다. 그리고 1년 동안 각종 아르바이트를 하며 연명을 하고 와신상담 후 다음 해에 다시 지원을 했다. 거의 같은 학교에 재시도를 한 것으로 기억한다. 내가 하고 싶었던 연구가 활발한 학교를 대상으로 지원을 했으니, 달리 방도가 없었다. 1년 전에 비해, 난 크게 달라진 것이 없지만 신기하게도 이번엔 네 학교에서 합격 통지서를 보내왔다.

합격 통지서를 들고 여자 친구 집에 가서 장인 어른 장모님께 인사드리고 내가 나중에 뭐가 될 거라는 둥 뻥을 치고 곧 결혼에 성공했다. 미국은 케네디 대통령 시기부터 기초 과학을 중흥하려는 강한 의지가 있어서, 기초 과학을 전공하고자 하는 많은 박사 과정 학생들에게 장학금을 준다. 나의 경우에도, 학비(연 3만 달러) 전액 면제, 그리고 생활비로 매달 1000달러가 주어졌다. 그때가 20년 전이니, 월 1000달러라면 지금으로 치면 아마 월 2000달러(220만 원)가 훨씬 넘을 것이다. 가족들에게 당당히 말하고, 작은 비상금만 지참한 채 어린 우리 부부는 유학길에 올랐다.

그런데 막상 미국에 도착하고 나니, 삶이 그리 녹록치가 않았다. 월 1000달러 중 500달러 이상이 집세로 나가고, 세금 내고 이거 저거 하다 보니, 도착한 지 6개월 만에 비상금이 바닥났다. 그 후 5년 동안의 박사 과정생 시절은 그야말로 살얼음판 걷기와 같았다. 숟가락도 내 돈으로 사 본 적이 없는 것 같다. 그때 제일 맛있는 게 버거킹 햄버거였는데 내 처와 두 개를 사 먹을 돈이 없어서, 운 좋으면 식료품 가게 영수증 뒤에 잘리지 않고 따라 나오는, 하나 사면 하나 덤으로 주는 "Buy One Get One Free" 할인 쿠폰을 가지고 가서 사먹었다.

좋아하던 맥주도 유학 5년 동안 한 잔도 못 사먹었다. 자린고비처럼 살아 겨우 통장에 1000달러 정도 모이면 영락없이 고물차가 길에 선다. 이렇게 길에서 더 이상 움직이길 거부하는 당나귀 같은 내 차를 고칠 때마다 신에게 원망의 기도를 퍼부었다. 하루는 너무 힘들어, 교회에서, "아! 1000달러만 있다면, 내 인생이 바뀔 텐데." 라고 중얼거렸더니 그걸 들은 한 친구가 그다음 주에 내게 봉투를 하나 내민다. 1000달러다. 내가 한 말을 들었단다. 그가 손톱 관리사로 일하며 겨우 저축해 놓은 것이리라. 정중히 거절하고 집에 돌아와 신께 감사하고 많이 울었다. 내게 복도, 환란도 허락하되, 그 가운데서 친구를 만나게 하시니 감사하다고. 내 처와 둘이 짜장면을 시켜 놓고 중국 음식점에서 펑펑 울던 일, 바퀴벌레가 너무 많아서 6개월 동안 하루도 빼놓지 않고 불을 켜놓고 자야 했던 일. 웃지 못할 이야기가 너무 많다. 대학원 졸업 당시에 나는 신용 불량자가 되기 직전이었다.

그러던 중 고국에 계신 아버지가 돌아가셨다. 돌아가시기 전 마지막 4주 정도를 작은 병원에서 지내셨는데 나는 공부를 하다 말고, 일시 귀국을 하며 아버지 곁을 지켰다. 하루도 빠지지 않고 중환자실 앞 콘크리트 바닥에 스티로폼을 깔고 잤다. 세 끼 식사는 카스테라 빵과 우유를 먹으며. 나에게 주어진 하루 24시간은 잠자는 것과 의식이 없으신 아버지 면회를 하는 것 외엔 책 읽기에 쓰였다. 중환자실 다른 보호자들이 나를 보고 수군댔다. "글자하고 원수가 졌나 봐." 평생 교회 목사로 사시면서 집 하나 장만 못하시고 돌아가시니, 한국의 우리 식구는 아버지 장례를 치르자마자 작은 지하방 하나로 이사해야 했다. 세상 누구보다도 현명하시고 인간적으로 탁월하신 아버지가 가난했던 것은 나에게 무한한 긍지를 주었다. 하지만 이 시점에 공부를 계속해야 되나라는 질문에 잠을 설치기 일쑤였다. 6주가 지나 미국으로 돌아오니 나의 변한 몰골을 보고 내 처가 많이 속상해 했다. 나도 얼마나 앓

왔는지. 하지만 이 모든 것은 '리추얼(ritual)'이었다. 거룩한 제사 같은 것 말이다. 또 이 상황이 되어도, 평소에 제 몫을 다 못하는 못난 자식이 치를 수 있는 유일한 리추얼.

어느 곳에서건, 한 사람이 독립해 어른이 되어 가는 과정엔 이런 잊지 못할 순간들이 끊임없이 찾아온다. 역시 박사인 내 처가 언젠가 이런 말을 한 적이 있다. "박사가 되어 가는 과정 중 가장 쉬운 것은 공부였다."라고. 박사가 되는 과정은 대략 나이가 서른을 전후하게 되는데 바로 이때, 전에 겪어 보지 못한 큰일을 겪게 된다. 결혼을 하거나, 자식을 낳거나, 부모를 잃거나, 친한 친구를 하늘로 보내거나, 심지어 존재에 대해 회의하는 일까지도. 그런 일들 속에서도 나의 전문가를 향한 훈련은 계속된다. 눈물을 흘리는 순간에도 땀을 흘려야 한다. 이 모든 과정은 그 순간엔 분명 힘든 일이지만 결국엔 한 인간에게 '철학'을 갖게 허락한다.

나는 「나는 가수다」라는 TV 프로그램을 좋아한다. 특별히 기억하는 한 에피소드가 있다. 가수 임재범이 「여러분」을 부를 때 한 말인데, 세월, 경험, 그리고 과거의 실수, 이런 것들이 모두 바로 지금 이 노래에 다 들어가 있다고. 그는 지금 이 노래를 부를 운명인가 보라고. 나도 모르게 고개가 끄덕여진다. 그렇게, 임재범은 목소리가 갈라지고 음이 불안하더라도 청중을 사로잡았다. 그는 노래를 부르지만 우리는 그의 삶을 듣는다.

나는 박사다. 천문학을 전공한 박사. 하지만 내 학위에는 Ph.D. 철학박사라고 써 있다. 그리고 난 이유를 안다. 나는 우리 학생들에게 천문학을 가르친다. 그리고 그들은 나에게서 '어떻게 살 것인가'를 배운다.

● 최근 한 해 동안 영국 노팅엄에서 연구년을 가졌다. 내 연구년을 지원해 준 고마운 연암재단은 연구비 수여식 도중에, 이 기간이 안식년이 아니고 연구년임을 강조했다. 눈치 없는 나는 그분들에게 "제겐 안식년입니다."라고 대응해 주위를 썰렁하게 했다. 그 1년 동안 난 정말 편히 쉬었다. 매일 한 시간씩 서점에서 닥치는 대로 (전공서적인 아닌) 책을 읽고, 두 번씩 꼬박꼬박 티타임을 즐겼으며, 6시에 칼퇴근했다. 이중 어느 하나도 한국에선 불가능하다. 그런데 이 기간 동안 나는 독자들이 읽고 있는 이 책과 6편의 국제 학술지 논문을 완성했다. 그러니 내게는 안식년, 연암재단에게는 연구년이 맞았다. 학자들에게 평안한 마음을 갖는 것이 어떻게 창의력 증강에 도움을 주는지 깨닫는 좋은 기회였다. 한 날 점심 식사를 하던 중 머리를 들어 보니 이 글귀가 보였다. "시간은 귀하다. 지혜롭게 낭비할 것." 그런데 시계가 멈춰 있다.

고기능성 자폐?

나는 너드다. 영어 표현으로 너드(nerd)는 우리말로 번역하면 책벌레, 꽁생원, 공부밖에 모르는 숙맥 등을 아우르는 표현이다. 공부 잘하는 것을 특히 높게 사는 우리나라에선 책벌레라고 하면 긍정적인 면이 많지만 영어권에서 누굴 보고 너드라고 했다가는 상대가 얼굴을 붉힐 가능성이 크다. 왜, 미국 영화에 보면, 다른 애들은 다 평범하게 사춘기를 겪고 있는데 혼자만 책에만 관심이 있든지, 두꺼운 안경을 끼고 과학실험에만 열중하는 그런 아이들이 주로 너드의 전형적인 모습인데, 서구에선 이런 아이들은 심한 놀림감이다. 아이들 때는 아이들처럼 뛰어노는데 관심이 있는 것이 정상이라는 가정에서 일 것이다.

나는 박사 학위를 운 좋게도 세계적인 명문 예일 대학교에서 했다.

내가 보기에 예일은 너드들만 모인 곳은 아니다. 어느 날 그곳 대학원생들 간에 논쟁이 시작됐다. 내가 시작했지 아마. 너드란 말을 처음 들은 나는 다른 학생들에게 "그럼 우리도 너드냐?"라고 물었고, 우린 각자 다른 답으로 시끄럽게 떠들고 있었다. 그때 교수님 한 분이 우리가 있던 휴게실로 들어오셨다. "뭐가 그리 재미있냐?" 그러기에 "교수님 저희가 너드인가요?"라고 물었다. "흠. 그건 너드를 어떻게 정의하는가에 따라 다르지." 왁자지껄.

지금 생각해 보면, 그런 논의를 하고 있는 우리는 모두 너드였고, 그 교수님이야말로 너드 중의 상너드였다. 너는 너드지만 나는 아니라고 우기는 너드 덩어리들. 박사 학위를 마치고 두 번째 직장은 칼텍이었다. 지금도 나의 첫 칼텍 방문을 잊을 수가 없다. 그때가 아마 4월쯤이었는데 교정에 사람이 없다. 칼텍은 미국 최고의 과학 기술 대학인데, 날씨도 늘 좋고 학교 캠퍼스가 작아서 학생들로 득시글거릴 줄 기대하던 내겐 의외였다. 휴일인가? 그나마 교정에서 드물게 보이는 학생들은 다 어딘지 나랑은 다르게 생겼다. 뭐라고 표현할 순 없는데 나랑은 달랐다. 그해 9월 내가 칼텍에서 직장 생활을 시작하고 나서 비로소 무엇이 다른지 알게 되었다. 그들은 대부분 정통 너드였다. 그리고 교정이 한산한 이유는 학생들이 모두 실험실 안에서 연구에 몰두하고 있기 때문이었다. 얼마 후, 칼텍 교정을 처음 방문하게 된 내 아내가 "헉. 재네들 이상하게 생겼어!"라며 박장대소를 했다.

너드에 대해 한참을 잊고 지냈다. 그런데 최근에 재미있는 일이 있었다. 나는 대학원생 둘을 이끌고 영국 미드허스트에서 열린 워크숍에 참가하게 되었다. '암흑 헤일로 병합 과정 이해(sussing merger trees)'였는

이 워크숍엔 전 세계에서 이 분야 약 10개의 전문가팀들이 모였다. 이들의 관심을 간단히 설명하자면, 컴퓨터로 우주의 암흑 물질 분포 모의 실험을 한 후, 그 결과로부터 암흑 헤일로(암흑 헤일로는 은하가 둥지를 틀고 살게 되는 집이다.)를 찾아내고, 그 헤일로들이 시간에 따라 어떻게 변화해 가는지를 연구하는 것이다. 수치적으로 매우 복잡한 계산을 다뤄야 하는 일이라 모두 논리와 수학에 강한 연구자들이다. 우리 그룹도 최근에 이 분야 연구를 시작했는데 이 워크숍에 초대된 것은 큰 영광이다.

그런데 여기서 일이 벌어졌다. 워크숍 첫날 강연장에 도착한 우리는 서로의 얼굴을 보고 갑자기 웃음이 터진 것이다. 내 학생 하나가 하는 말. "교수님. 쟤들 뭐예요? 왜 저렇게 생겼어요?" 내가 답했다. "쟤들의 정체는 나도 모르겠지만 우리가 잘못 온 게 틀림없다." 여기 모인 30여 명의 과학자들은 모두 너드의 결정판이었다. (그들 중 이 글을 읽게 되는 사람은 없길 바라며.)

그 5일 동안 우리는 실로 어마어마한 일을 해냈다. 워크숍은 오래된 베드 앤드 브랙퍼스트(일명 B&B) 호텔을 통째로 빌려서 열렸는데 아름다운 저택 주변 20분 거리 내에 가게 하나 없었다. 매일 새벽 한두 시까지 워크숍 홀에서 함께 일을 해, 마지막 날인 금요일엔 실제로 14쪽짜리 큰 논문을 완성해 세계적인 권위를 가진 학술지에 제출한 것이다. 바로 지난 주에 심사 위원으로부터 매우 긍정적인 심사 보고서가 왔다. 곧 게재 승인이 날 듯하다. 그리고 현재 그 워크숍에서 시작한 십여 개의 또 다른 논문이 만들어져 가는 중이다. 우리 그룹도 그중 한 논문의 리드를 맡았다. 나는 이 한 주 동안 우스운 생각에 잠겼다. 이런 사람들이 밖에 거리를 걷고 있다면, 사회성 부족하고, 운동에 젬병이고, 자기 가꿀 줄 몰라서 소외되기 십상인데, 여기 이렇게 모아 놓으니 세상을 깜짝 놀래킬 만한 연구를 해내는구나.

사실 너드가 너드인 이유는 아마도 뇌 구조 때문일 게다. 뇌의 어느 한쪽만 비대하게 발달한 경우, 다른 한쪽은 미숙하기가 쉽다. 내가 만나는 너드 과학자들은 주로 수학적 머리가 뛰어난 반면 말재주가 없는 경우가 흔하다. 사회성 또한 부족하다. 내가 존경하는 동료 물리학자의 부인은 심리 상담가이신데, 어느 날 내 상황을 쭉 들으시더니 "선생님 같은 분들을 통칭하는 용어가 있습니다. 고기능성 자폐. 자기 전공으로 하는 일을 할 때는 정상인처럼 보이는데 나머지 사회와 어울릴 땐 동화되지 못하고 물에 기름 흐르듯 하는 그런 사람들. 우리 남편도 그래요." 헉!? 듣기엔 충격적이지만 거부할 순 없었다.

이게 사실이라면 머리의 한 부분이 비정상적으로 발달한 많은 사람들은 사실상 '비정상'이라고 볼 수 있다. 뭐 굳이 건설적인 예를 들어보자면, 베토벤이 보는 삶은 어땠을까? 음악가들이 아직 소나타 기법 배우기에 헤매고 있을 때, 베토벤의 피아노 소나타 32번은 외계의 음악이다. 그의 첫 현악 4중주의 2악장은 시대를 100여 년 뛰어 넘고 13번 이후의 작품들은 정의조차 거부한다. 평범한 사람들에겐 변화 없고 따분한 남부 프랑스 프로방스의 여름 밤이 고흐에겐 매 순간 움직이는 생물이다. 보이는 공간 구조를 초월해 바라보는 피카소와 샤갈에겐 공간뿐 아니라 시간의 경계도 모호하다. "오늘, 엄마가 죽었다. 아니 어쩌면 어제였는지 모르겠다."라고 시작하는 카뮈는 또 어떠한가. 시간과 공간이 엮여 있다고 주장한 아인슈타인은.

사실 이런 비정상적인 뇌 구조를 가진 너드들이, 아무리 똑똑하더라도, 사회의 일반적인 리더가 되기는 어렵다. 다른 사람들의 생각을 가늠하지 못할 뿐 아니라, 자신의 생각도 다른 사람들이 이해할 수 있는 언어로 표현하기도 어렵기 때문이다. 생각이 있다 한들 많은 사람들 앞에서 그것을 드러내는 용기는 더더욱 없다. 무슨 생각을 표출하기 전에 그 논리에 반하는 다른 논리를 스스로 찾게 되는 일이 허다하기 때문이다. 이렇게 탁월한 사고 실험을 할 수 있는 너드들이 일반인을 이끄는 리더가 되기는 힘들 게다. 회사 사장, 시장, 정치인 등 일반적인 리더 말이다. 어쩌면 이런 이유로, 국가의 리더를 양육하는 이상을 가진 하버드나 예일 같은 아이비리그 명문 대학교가 학생을 선발할 때 고등학교 성적은 상위권에만 들면 만족하고, 봉사 활동이나 운동 등 사회성을 더 중요하게 고려하는 게 아닐까. 그런데 우리나라는 고등학교 때 공부를 많이 한 양에 따라 일렬로 대학에 배열하고 그 순서대로 대학을 졸업한 후 사회의 리더의 자리를 차지한다. 잘 외우고 문제 잘 푸는 순서대로 리더십이 있진 않을 텐데.

대학 교육의 가장 중요한 목적이 사회가 필요로 하는 인재를 배양하는 것이라면, 대학에 고등학교 성적이 좋은 사람이 들어갈 필요는 없다. 오랫동안 훈련이 필요한 (기악 연주를 다루는) 음악이나, (과학이나 일부 공학처럼) 수학을 많이 필요로 하는 학문들은 다르겠지만 그렇지 않은 학과들은 고등학생 때 성적이 뭐 그리 중요할까. 스스로 생각하고 문제를 해결할 수 있는 능력이 있는가가 더 중요할 텐데 이런 능력은 학교 교육을 통하지 않아도 얼마든지 배양될 수 있다. 요즘 TV에서 대세인 연예인 유재석은 대학교를 졸업하지 않았지만 누구보다 탁월한 리더십을 발휘하고 있다. 아마도 그가 어느 날부터 마음이 동해 사회 문제에 관심을 갖게 된다면, 충분히 좋은 정치인도 될 수 있을 것이다. 학벌만 화려하고, 청문회에선 말 한마디 논리적으로 하지 못하는 오늘날의 어떤 리더들보단 훨씬 낫다.

암흑 물질 워크숍에서 이런 생각을 하는 나는 아마도 너드일 게다. 먹고사는 게 감사하다.

펜싱 선수
천체물리학자

미국 칼텍에서 일할 때, 사용하던 미국 비자가 만료되어 새로 받아야 하는 상황이 있었다. 그때 내 비자는 J 비자여서 더 이상 일반적인 방법으론 연장할 수가 없었다. 새로 비자를 받기 위해선 반드시 한국에 돌아가서 2년을 지내다가 와야 하는 조건이 붙어 있었다. 나사의 우주 망원경 프로젝트에 종사하던 나는 프로젝트의 책임 연구 기관인 칼텍에 자리 잡고 있어야 하는데 참 난감하기 그지없었다. 결국 대학에 소속된 비자 관련 전문가가 해결책을 찾아냈다. Outstanding(특출난)을 뜻하는 O 비자는 큰 상을 탔거나 특수한 기술이나 지식을 가진 사람이 미국에 꼭 필요해, 모든 상황을 무시하고, 국가가 필요한 만큼 체류하도록 허락하는 비자이다. 비자 전문가가 내게 말했다. "O 비자는 만

병통치약이에요. 국가가 이 사람을 필요로 한다는데 무슨 다른 말이 있겠어요. 혹시 무슨 상 받은 것 있으면 말해 봐요." 아자, 내가 상을 받긴 받았지. 내 머릿속에 여러 상들이 기억난다. 대학원 시절에 받은 우수 학생상, 최우수 졸업 논문상 등, 그런 걸 머릿속으로 생각하고 있는데 그가 덧붙이는 말. "자잘한 것은 필요 없고 굵직한 걸로. 노벨상이나 퓰리처상을 받은 게 있으면 거의 확실해요." 헉 뭐라고. 내가 노벨상을 탄 사람이라면 여기 이러고 있겠냐? 하고 생각해 보니, 칼텍엔 당시 노벨상 수상자가 서른 명이 된다고 하지 않던가! 노벨상이 그야말로 지나가는 개 이름인 그런 곳이었다. 결국 노벨상을 받은 적도 없고 받을 일도 없는 나는, 평소에 알고 지내던 전 세계에 흩어져 있는 석학 일곱 명을 꼬드겨 내가 내 분야에서 0.5퍼센트 안에 들어간다는 뻥이 확실한, 그러나 뻔뻔하게 우기는 추천서를 받은 후 O 비자를 취득하게 되었다. 이 비자는 한번 받으면, 그 후엔 신청만 하면 영주권을 주는 그런 막강한 것이었는데 난 우습게도 바로 다음 해에 새 직장을 찾아 미국을 떠났다. 한 10달러 주고 팔 수 있으면 인앤드아웃 햄버거 하나 더 먹고 떠나는 건데 휴지조각이 되었으니. 하하.

난 노벨상과는 거리가 먼 사람이다. 굳이 노벨상과의 관계를 찾아보자면 내가 나사에서 일할 때, 훗날 노벨상을 받게 된 존 매더 박사 방에 몇 번 들어가 봤다는 것? 노벨상 수상자였던 조지 스무트 교수가 내가 있는 대학을 방문했을 때, 토의 시간에 사회를 봤다는 것? 내 강의 내용에 노벨상 수상 내용이 조금 포함되어 있는 것? 뭐 그게 다이다. 노벨상을 타는 분들은 학계가 공히 인정하는 업적을 세운 분들이고 찬사를 받아 마땅하다.

교육 수준이 높은 한국이 그런 노벨상 수상자를 배출하지 못한 것이 종종 우리 자존심에 오점으로 작용한다. 세계 어딜 가도 한국 학생들처럼 열심을 다하는 경우를 찾기 어렵다. 학교를 다 마친 후 어른이 된 후에도 다양한 학원에 등록해 자기 계발을 꾀한다. 그런데 왜 이런 교육 대국에 노벨상 수상자가 없을까? 수많은 학자들이 이 질문에 나름 논리적으로 답을 했고, 다양한 해법도 제시했다. 거기에 내가 특별히 덧붙일 것은 없다. 나는 조금 다른 시각에서 상황을 분석하고 싶다.

내가 영국 옥포(나는 옥스퍼드를 옥포라고 부른다.)에서 가르칠 때, 우리 천체물리학과에 나보다 젊은 덴마크 인 박사가 한 명 있었다. 암흑 물질을 연구하는 똘똘한 학자였는데 나하고는 매일 차를 같이 마시는 친구였다. 하루는 뭔가 심각한 고민을 하고 있는 듯해서 왜 그러냐고 물었더니 그가 하는 말,

스틴: 덴마크 정부가 나보고 오래.

나: 아 그래, 정말 잘 됐네. 대학으로 아니면 연구소로?

스틴: 훈련 캠프로.

나: 무슨 훈련 캠프?

스틴: 나 사실은 취미로 펜싱을 하거든. 그런데 덴마크에서 사브르 펜싱 랭킹 1위야. 곧 있을 올림픽 게임에 국가 대표로 참가하래. 그동안 연습은 매주 하긴 했지만 다음 달에 중요한 학회에 참가해서 내 논문을 발표해야 돼. 그게 과학자로서 내 미래를 결정할 수도 있다구.

나: 이런 어마어마한 일이. 나랑 매일 차 마시는 스틴이 국가 대표 펜싱 선수라고?

내 기억이 맞다면 그는 그때 올림픽 출장을 정중히 거절하고 대신 학회 참석을 선택했다. 오늘 그는 덴마크 코펜하겐의 세계적인 입자물리학의 메카 닐스보어 연구소에서 교수로 일하고 있다. 요즘은 3년째 태권도를 배우고 있다고 자랑이다.

내가 아는 또 다른 덴마크 과학자, 야스퍼 조머-라센의 가족과 함께 탁구를 친 적이 있다. 그도 그렇고 그의 아들도 꽤 좋은 선수였다. 나 역시 중고 학창 시절 탁구채를 책가방에 가지고 다니던 중원의 시절이 있었으므로 매우 유쾌한 시간이었다. 탁구를 치다가 스포츠 이야기가 나왔다. 내가 우리나라가 얼마나 올릭픽에서 잘하는지를 말했더니 야스퍼가 하는 말. 한국은 스포츠 잘 하면 국가가 돈 준다며? 그래서 올림픽에서 그렇게 잘 하는 거니? 우리 덴마크는 금메달을 따는 선수는 드물지만 국민의 대부분이 직장 마치면 저녁 먹기 전에 한 시간 이상씩 핸드볼이나 하키 등의 격렬한 운동을 한다. 동네 스포츠 클럽에 가입해서 활동하는 것이 직장만큼 중요한 일과라고. 너는 한 나라의 스포츠 문화가 올릭픽 금메달과 전 국민의 생활 체육 중 어느 것을 더 지향해야 한다고 믿니?

우리나라가 단 반세기 동안 세계에서 가장 가난한 나라에서 가장 부유한 나라 중 하나로 발돋움하기까진 우리 국민의 교육열이 큰 역할을 했다. 거의 전 국민이 글을 읽을 수 있고, 구구단을 외우니, 시골의 작은 가게에 가더라도 점원이 대학교수인 나보다 셈을 더 빨리 하기가 일쑤이다. 직장에선 팀장뿐 아니라 팀원들도 모두 고등 교육을 받아서 스스로 판단해 결정할 수 있고, 가정을 돌보는 데 전념하기로 한 전업주부들도 자녀들의 교육을 꽤 섬세하게 도와줄 수 있을 정도로 교육 수준이 높다. 또한, 작동이 어려운 기기들을 다룰 수 있을 만큼 교육받은 사람들이 즐비해 우리의 기기들은 공장에서든 병원에서든 쉬는 시간이 별로 없다. 어떤 시각으론, 우리 국민들이 각자 하는 일에 비해 지나치게 많은 교육을 받았다고 볼 수도 있지만 긍정적인 면이 없지 않은 것 또한 사실이다.

우리나라가 아직 노벨상을 받지 못한 것엔 아마도 많은 복잡한 설명이 있을 것이다. 다시 말하지만 오늘 그 이야기를 하고자 하는 것이 아니다. 내가 하고자 하는 말은, 노벨상이 주는 명예도 중요하겠지만 높은 국민 교육 수준을 이룩한 것도 중요하다는 것이다. 올림픽 메달도 중요하지만 생활체육도 중요하듯. 우린 아직 노벨상이 없지만 세계가 필요로 하는 고품질의 전자제품, 자동차, 선박 등을 개발해 낸다. 우리의 예술가들이 좋은 연주를 하고 작품을 만들고, 거의 모든 분야에서 우리나라의 위상에 걸맞은 일들을 창출해 내고 있지 않은가. 노벨상을 여러 번 거머쥔 많은 다른 나라들이 못하고 있는 일들을 우리가 해내고 있는 것이다.

노벨상은 탈 때가 되면 탈 것이다. 국가 인지도도 적당히 높아지고, 우리 학자들의 연구 내용도 잘 알려지면, 자연스레 그런 날이 올 것이다. 그런 일이 벌어지면 축하할 일이다. 하지만 좋아서 난리칠 일은 아니다. 그날이 빨리 오라고 바둑 두듯이 작전을 짜고 학문을 할 일은 더욱 아니다.

3부

우주의 생강

NASA 우주 왕복선의 마지막 여행에 즈음하여

급하게 필기구가 필요해 근처 문구점을 방문하는 동안 재미있는 일이 생겼다. 문구점 주인집 아들로부터 전화가 온 것이다. 문구점 사모님 목소리. "뭐라고? 지구가 하루에 한 바퀴씩 도냐, 아님 1년에 한 바퀴씩 도냐고?" 아마도 지구의 자전에 관해 방학 숙제를 하고 있었나보다. 사모님께서 "그런 복잡한 걸 왜 엄마한테 물어. 아빠 바꿔 줄게." 내게 물건을 골라 주시던 사장님께서 전화를 받으셨다. "야. 인석아. 지구가 하루에 한 바퀴씩 돌면 어지러워서 어떻게 사냐. 1년에 한 바퀴겠지. 바빠. 끊어." 물론, 사장님이 틀리셨지만 내가 천문학을 전공하는 사람이랍시고 섣불리 정정하기엔 부모의 권위가 염려되었다. 그래서 물건 사고 슬그머니 도망 나왔다. 얼핏 보면, 사장님이 완전히 틀린 것 같지만 사실 꽤 사려 깊으신 분이시다. 우리 지구가 어떻게 움직이고 있는지를 정확히 알면 그 복잡함이 이루 말할 수 없을 정도이기 때문이다.

우선, 지구는 하루에 한 번씩 스스로 도는 자전을 한다. 그에 따라 지구 표면에 붙어사는 우리 인간은 음속보다 빠른 최고 초속 460미터로 공간을 움직이고 있다. 또한, 우리 지구는 1년에 한 번씩 태양 주위를 공전한다. 그에 따라 우리가 갖게 되는 속력은 초속 20킬로미터. 그런데 이게 다가 아니다. 우리 태양은 우리 은하 중심을 2억 년에 한 번씩 돌고 그 속력을 계산하면 초속 250킬로미터에 육박한다. 따라서 우리는 지구 표면에 붙어서 초속 460미터로 (지구)회전그네를 돌고 있는 중에, 이 (지구)회전그네는 초속 20킬로미터로 태양을 돌고, 그 태양은 초속 250킬로미터로 은하 중심을 돌고 있는 상황이다. 독자의 정신 건강을 위해 은하계 밖의 더 복잡한 사정은 무시하기로 하자. 어릴 적 가본 놀이동산에, 돌아가는 바닥에 따로 도는 컵 속에 사람이 앉아서 타는 기구가 있었는데 바로 그 형국이다. 우리 머리가 안 아픈 게 이상할 지경이고, 내가 앞서 문구점 사장님이 꽤 생각이 깊으신 분이라고 한 이유이다.

이런 정신없는 상황에서도 우리가 편안히 살고 있는 것은 우리가 이 모든 효과를 아우르는 중력장에 적응해 태어났기 때문이다. 시속 300킬로미터로 달리는 KTX 안에서 편안히 잘 수 있는 이유이기도 하다. 참 다행이다. 즉 우리 인류는 우주 어디에나 있는 평범한 곳에 아무렇지도 않게 살고 있는 것 같지만 실제론 매우 독특한 지구 환경 속에서 복잡한 힘들의 영향에 적응하며 살고 있는 것이다. 실제로 과학자들은 이런 특이한 지구 상황을 벗어나면 중력, 전자기력, 강력, 약력으로 대표되는 우주의 힘이 어떻게 작용할까를 궁금해 하고 있다. 지구 중력에 반응해 뿌리를 내리는 식물은 우주 공간에선 어떻게 자랄까? 중력이 거의 없는 외계 환경에 나무가 있다면 그 모습이 성게와 같을 수도 있으니, 우리가 '안다'고 하는 것은 지극히 특별한 우리의 상황에 따라 나타난 현상에 의해 건설된 신기루일수도 있다.

이런 '개구리 우물'을 벗어나기 위해 인류는 우주를 개척한다. 더 멀리 더 높이 나르기 위해 더 큰 로켓을 소모품으로 만들어 사용하던 인류가 우주 왕복선이라는 신개념의 우주선을 개발해 사용한 지 어언 30년 이상이 흘렀다. 나사는 컬럼비아호, 챌린저호, 디스커버리호, 아틀란티스호, 엔데버호 이렇게 다섯 우주 왕복선을 만들어 우주 여행의 새로운 지평을 열었다. 엄청난 폭발과 함께 비행을 하고, 돌아올 땐 우주 비행사가 캡슐 속에 갇혀 바다에 떨어져야 하는 로켓에 비해, 우주 왕복선은 전문 우주 비행사가 아니라도 탈 수 있을 정도로 비행이 순탄하고, 원하는 만큼 우주 공간에 머물 수 있으며, 또 평안히 출발점으로 귀환한다는 면에서 미래 우주 여행의 유일한 선택이다. 챌린저호는 1986년에 발사 직후 폭발하고, 컬럼비아호는 2003년 귀환 중 장렬한 최후를 맞이했다. 남아 있는 세 대의 왕복선 중 허블 우주 망원경 설치 등 가장 혁혁한 공을 세운 디스커버리호가 최후의 비행을 한다고 떠들석했던 것이 2011년 봄이고, 그해 7월, 아틀란티스호의 비행을 마지막으로 '독수리 5형제'는 막을 내리게 되었다.

우주 왕복선이 미래 우주 계획에 대안 없는 유일한 희망이긴 하지만 현재의 왕복선은 천문학적 비용이 들어 새로운 패러다임으로의 전환이 필요하다. 하지만 '개구리 우물'을 벗어나 우주적이고 보편적인 우주 운행의 법을 알고자 노력하는 우리 인류는 땀과 지혜를 모아 새로운 도전을 끊임없이 할 것이다. 나로호를 통해 발돋움하려 노력하고 있는 우리 한국이 그 높은 이상을 함께 공유하고 있는 것은 더할 나위 없이 기쁜 일이다.

허블 우주 망원경 20주년을 기념하며

어릴 적 나는 스스로 꽤 특별한 사람이라고 생각하곤 했다. 인사성 바른 나를 우리 동네 어르신들이 기억해 주시는 것은 이해하기 쉬웠지만 다른 동네에서 온 구급차와 소방차도 날 알아봐 주는 것이 신기했기 때문이다. 그들은 내 곁을 지날 때마다 사이렌 소리를 높은 음에서 금방 낮은 음으로 바꾸어 나를 알은 체를 하는 것이었다. 훗날 학교에서 이것이 도플러 효과에 의한 현상이라고 배우고 멋쩍었던 기억이란. 1920년대 벨기에의 르메트르와 미국의 에드윈 허블은 은하의 빛에 나타난 도플러 효과를 이용해, 더 먼 우주의 은하일수록 더 빨리 우리 은하로부터 멀어지는 것을 발견하고 우주가 팽창하고 있음을 밝혔다.(138쪽 설명 참조) 오늘날 우주 관측 사실을 가장 잘 설명하는 "빅뱅 팽창 우주설"이 관측에 의해 증명되는 최초의 순간이었다. 20세기 최고의 관측천문학자를 기억하기 위해, 나사는 역사상 가장 위대한 우주 망원경에 그의 이름을 붙였다. 20년 전 바로 지난 주 우주에 띄워진 허블 우주 망원경이 바로 그것이다.

허블 우주 망원경은 지름 2.4미터의 반사경을 가진 중형 망원경이지만 그보다 여러 배 더 큰 지상 망원경보다 열 배 이상 더 정밀하게 우주를 관측할 수 있다. 지구 대기의 영향을 받지 않기 때문이다. 대신, 1초에 8킬로미터(!)의 속도로 지구를 공전하면서 먼 우주의 작은 천체를 연속적으로 관측할 수 있는 초정밀 공학적 완성도를 필요로 한다. 이런 의미에서 허블 우주 망원경은 단순한 관측기기를 넘어선 현대 인류 문명의 결정체이다. 현대의 피라미드인 셈이다.

허블 우주 망원경을 통해 우리는 이전 세대의 사유의 지평을 거뜬히 넘어섰다. 지난 80억 년 동안 우주가 어떻게 팽창해 왔는지 우주 팽창 역사를 재건했고, 우주의 나이를 10퍼센트 오차 내로 알게 되었으며, 아무것도 기대되지 않던 깜깜한 하늘의 모퉁이에서 100억 년 전 최초의 은하가 탄생하는 모습을 엿보게 되었다. 또한 모든 은하의 중심에 자리 잡은 초거대 블랙홀의 크기를 측정하고, 태양과 같은 별들의 최후를 목격하게 되었으며, 지구와 같이 생명이 태어날 수 있는 조건을 갖춘 외계 행성을 찾게 되었다. 바로 오늘 우리는, 허블 우주 망원경을 비롯한 영웅적 실험을 통해서, "우리는 어디서 왔고, 무엇이며, 어디로 가는가?"에 대한 인류의 궁극적 질문에 대답을 찾아가고 있는 것이다.

그러면 과학자들이 우주 망원경을 구상하던 1960년대에 훗날 이런 엄청난 발견을 하게 될 것을 알았을까? 그렇지 않다. 기록에 남은 그들의 최초의 꿈은 훨씬 소박했다. 그래도 그들의 시도는 위대했다. 갈릴레오가 최초의 천체 망원경을 만들어 목성을 관찰했을 때, 목성 주위를 도는 위성들을 발견해 수천 년 내려오던 천동설을 무너뜨릴 것을 기대했을까? 마젤란이 서쪽으로, 서쪽으로, '세상의 끝'을 향해 항해하면서 그가 새 대륙과 새 세상을 발견하게 될지 알았을까? 바로 이런 순진한 기대를 가지고 한국도 세계 최대 25미터급 거대 마젤란 망원경 프로젝트에 당당한 파트너로 참가하고 있으니 우리 가슴이 벅차다.

우리 몸속에 있는 셀 수 없이 많은 원자들 중, 내 몸이나 부모, 지구가 만든 것은 하나도 없다. 대부분을 차지하는 수소는 초기 우주 3분 동안 만들어진 것이며, 탄소, 산소, 철 등 나머지 원소는 모두 먼저 살다 간 별들이 만들어 준 것이다. 나를 낳아 준, 부모와 조상에 대해 평생 배우는 우리가 우주와 생명의 근원에 대해서도 궁금해하고 관심을 기울이는 것은 가장 자연스러운 것이 아닐까? 21세기 현대 문명의 지도자가 되길 희망하는 우리 모두가 생각해 볼 일이다.

나는 빛이 왜 있는지 알아

왜 하늘은 푸를까? 왜 자석의 붉은 화살은 늘 북쪽을 가리킬까? 왜 달은 늘 똑같은 면을 우리에게 보여 주는 걸까? 나는 왜 A형일까? 이런 일상적인 것들의 이유를 아는 것도 우리에게 만족을 가져다준다면, 훨씬 더 거대한 진실을 알게 될 때의 희열은 어떨까? 예를 들면 어, 빛의 근원 같은 것 말이다.

한스 베테는 과학자로서 재미있는 시대를 살았다. 아인슈타인의 상대론이 중력과 에너지에 대한 이론을 확립하고 미시세계는 확률론에 의해 지배된다는 것을 밝힌 양자 역학이 이제 막 새롭게 탄생했으니, 과학자에겐 그야말로 신천지였을 것이다.

당시 가장 중요한 이슈 중 하나는 태양의 나이였다. 19세기 위대한 과학자 켈빈과 헬름홀츠는 각각 독립적인 연구를 통해 태양의 최대 나이를 산출했다. 그들은 태양이 기체 덩어리인 것에 착안해, 만일 태양 질량만큼의 기체 덩어리가 중력 수축을 하면 얼마만큼의 에너지가 나오는지를 계산했다. 태양이 한 점으로 수축하고자 하는 중력에 의한 위치 에너지가 열 에너지로 변환하는 것에 대한 이야기이다. 열 에너지는 빛의 형태로 밖으로 나타난다. 중력에 의해 연필이 땅에 떨어지면 그 순간 위치 에너지는 줄어들고, 그만큼의 에너지가 딱 하는 소리도 내고, 부딪힌 부분을 약간 뜨겁게 하며 열에너지 등으로 바뀌는 것이 좋은 비유일 것이다. 물론 이 경우엔 그 에너지가 너무 작아서 감지하기 어렵지만.

이렇게 얻어진 중력 에너지를 현재 매년 태양이 뿜어내고 있는 에너지로 나누면 총 몇 년 동안 태양이 이런 방식으로 현재의 밝기를 유지할 수 있는지를 산출할 수 있는데 그 결과는 약 3000만 년이다. 그런데 과학자들은 큰 수심에 빠졌다. 이미 20세기 초반에 지질학자들과 물리학자들이 동위 원소 측정법을 개발해 지구의 암석의 나이를 측정한 결과 그리 어렵지 않게 수억 년 이상 오래된 암석을 찾을 수 있었기 때문이다. 지구는 거의 확실히 태양이 탄생하는 과정 중에 생겼을 것이므로 지구보다 태양의 나이가 적다는 것은 아무래도 말이 되어 보이지 않았다. '우주 나이 문제'에 봉착하게 된 것이다.

한스 베테는 별 중심부의 환경에 대해 연구했다. 흠. 간단한 계산을 통하면 별 중심부는 온도가 대략 1000만 도 이상으로 올라가는데 그렇게 고온의 환경에선 어떤 일이 일어날 수 있을까? 이런 고온 상태에서 태양의 대부분을 차지하는 수소가 이온화된다. 즉 원자핵과 전자가 분리된다는 것이다. 그런데 우주에서 가장 가벼운 원자인 수소의 원자핵은 모두 양극의 전하를 띠므로 자석의 N극이 서로 만나고 싶어 하지 않는 것처럼 서로 배척한다. 이대로라면 뜨거운 태양 중심은 그저 계속 서로 밀어내는 수소 원자핵들 간의 배척 속에서 압력만 높게 유지되고 아무 건설적인 일이 벌어지지 않을 것이다.

베테는 새롭게 떠오른 양자 역학의 세계를 떠 올렸다. 수소 원자핵끼리는 전하의 충돌 때문에 서로 만나기를 싫어하는 것이 전자기학에 입각한 고전적인 개념이었으나, 양자 역학적으로는 늘 미미하지만 일정 확률을 따라 수소 원자핵끼리 만날 수가 있다. 이런 확률은 대충 추측하는 것이 아니라 정확한 계산을 통해 산출해 낼 수가 있다. 그런데 재미난 것을 찾았다. 수소 원자핵 4개가 이렇게 만나면 우주에서 두 번째로 가벼운 헬륨 원자핵이 되는데 헬륨 원자핵 하나의 질량은 수소 원자핵 네 개의 질량에 비해 0.7퍼센트가 작은 것 아닌가. 그런데, 이 작은 양의 '잃어버린 질량'을 아인슈타인의 "질량이 곧 에너지이다.($E=mc^2$)"라는 공식을 이용하면 막대한 에너지로 환산된다. 이렇게 얻어진 에너지는 태양을 현재의 밝기로 100억 년이나 유지할 수 있는 것이다.

이후 지구의 암석보다 태양계의 나이를 더 정밀하게 알려 준다고 생각되는 운석의 나이를 측정한 결과 약 45억 년이라는 결과를 얻게 되었다. 이에 따르면 태양은 자기의 수명의 절반 정도를 지내 온 것이다. 요즘 한국인의 나이로 치면 40세 정도라고 할까.

베테가 중력과 양자 역학을 바탕으로 이 모든 것을 알아냈을 때 결국 사람의 눈에 보이는 모든 빛의 근원을 밝힌 것이다. 바로 지금 창밖을 보라. 밝은 햇살이 비치는가. 베테는 그 이유를 안다. 어두운 밤하늘이 내려앉았나. 베테가 그 이유를 안다. 전설에 의하면, 그가 이 연구 결과를 얻은 후 그러나 아직 발표하기 이전에 그의 약혼녀와 밤 바닷가를 거닐고 있었다고 한다. 자기, 별이 참 예쁘지? 베테의 답. 응. 그리고 난 그 이유를 알아. 1930년대 중반, 베테는 빛의 근원을 아는 역사상 최초의 사람이 되었다. 다시 한번 정신 바짝 차리고, 빛의 근원 말이다

+

내가 미국 유학 중 처음 수행하게 된 연구 과제는 별의 진화에 관한 것이었다. 예일 대학교는 항성 진화 계산에 관한 한 세계에서 가장 정밀한 컴퓨터 프로그램 코드를 개발해 보유하고 있었는데 내가 그 코드를 입수하게 된 것이다. 그런데 1만 줄이 넘은 이 코드를 어떻게 쓰는 건지 아무도 가르쳐 주질 않는다. 수많은 물리 법칙이 코드의 부분 부분에 녹아들어 있고 별들의 진화 과정 계산에 필수적인 미분 방정식을 풀기에 필요한 복잡한 수치 해석 내용이 곳곳에 숨겨져 있어서, 갓 입학한 박사 과정생이 혼자서 그 내용을 제대로 이해하기엔 한없이 벅찼다.

첫 단계는 태양 모형을 만드는 것이었다. 기체 구름부터 시작해서 45억 년이 되었을 때, 현재 태양의 크기, 밝기, 온도를 0.0001퍼센트 오차 내로 만들어 내야 한다. 머리에 쥐나는 날들이 계속되었다. 아 이러다 내가 쓰러지지 하는 생각이 자꾸 든다. 헬륨 값을 조금 높이면 밝기가 너무 밝아지고, 대류 효율을 조금 높이면 크기가 어긋나 버린다. 정밀한 모형을 얻기 위해선 태양이 어디에서 에너지를 얻는지 자세히 알아볼 필요가 있었다. 그런데 베테가 교과서에서 알려 준 내용과는 조금 다르게 가장 간단한 수소-수소 핵융합(PP1 채널)뿐 아니

라, 진화 단계에 따라 다른 종류의 핵융합(PP2, PP3), 미미하지만 심지어는 켈빈과 헬름홀츠가 제안했던 중력 수축도 별빛에 기여하는 것을 발견했다. 엄청난 것을 발견한 양 지도 교수님께 달려가 그 사실을 전했더니, "허허. 그건 알려진 지 족히 30년은 된 오래된 결과인 걸."이라고 하신다. 그럼 그렇지, 한 술 밥에 배부르랴. 이렇게 항성 진화에 대해 왕초보였던 내가 훗날 세계에서 가장 널리 사용되는 항성 진화 이론 모형 세 개 중 하나를 만들 줄 누가 짐작이나 했겠나.

초신성의 후예

학생은 성과 본이 어디입니까? 밀양 박 씨입니다. 성과 본이 어디라고요? 밀양 박 씨라고요. 성과 본이 어디입니까? 내가 세 번째 같은 질문을 하자 학생이 어리둥절해 한다.

사람 몸을 구성하는 주요 원소는 수소, 탄소, 질소, 산소, 황, 인이다. 원자 갯수로 치면 수소가 전체의 63퍼센트를 차지하고 질량으로 치면 산소가 전체의 26퍼센트를 차지하는 '짱' 원소이다. 철, 마그네슘, 나트륨과 같이 작은 양이지만 꼭 필요한 원소들도 여럿 있다. 그러면 이런 원소들은 어디에서 왔을까?

우선 우주에 존재하는 대부분의 수소 원자는 우주 초기, 우주의 나이가 1초일 때부터 대략 3분이 될 때까지 만들어졌다. 빅뱅 이론을 정립시킨 조지 가모브 교수는 뜨거운 초기 우주에서 작은 입자들이 고속으로 만나 어떻게 수소와 헬륨 원자핵을 최초로 만들었는지를 알아내었다. 고 스티븐 와인버그 교수의 명저 『최초의 3분』은 이를 일반인들이 대충(!) 알아들을 수 있도록 도와주었다. 우리 몸의 핵심 요소, 기구를 띄우기 위해 종종 집어넣는 기체, 미래 자동차 연료로 각광을 받고 우주 전체 물질 질량의 70퍼센트를 차지하는 수소는 우주 초기 처음 3분간 만들어지고, 온 우주에 고루 뿌려진 후 오늘날 우리 몸속에 자리 잡게 되었다는 것이 현대 우주론적 이해이다.

그러면 수소와 헬륨보다 무거운 원소들은 어디에서 만들어졌을까? 탄소, 질소, 산소는 태양과 같은 작은 별에 의해 만들어졌다. 우리 은하 내에는 태양과 같은 작은 별이 약 1000억 개 존재하고, 보이는 우주 내엔 우리 은하와 같은 은하가 또 1000억 개 이상 존재한다. 작은 별들은 뜨거운 중심부에서 수소를 핵융합 발전해 빛을 만들고 그 과정에서 헬륨을 생산한다. 수소가 고갈되면 헬륨을 핵융합해 탄소를, 그리고 탄소를 이용해 산소 등을 만든다. 이렇게 만들어진 원소들의 일부는 우주 공간에 퍼져 나가고, 일부는 수명을 다하는 별의 핵을 이루며 최후를 장식한다. 작은 별의 최후는 주로 단단한 탄소 덩어리일 것이라고 생각되는데, 그래서 다이아몬드를 특별히 좋아하는 사람들은 죽은 별을 탐사해 보길 권한다. 다만 중력이 워낙 세어서 일단 착륙한 후 다시 돌아오는 것이 거의 불가능하므로 그냥 그곳에서 다이아몬드와 함께 평생 살아야 한다. 웃음.

산소보다 더 무거운 황, 인, 마그네슘, 철 등은 태양보다 대략 열 배 이상 무거운 별에 의해 만들어졌다. 무거운 별들은 작은 별들보다 짧고

굵은 삶을 산다. 작은 별들이 100억 년 내외로 살 수 있는 것에 비해 큰 별들은 1000만 년 정도로 짧게 살지만 워낙 내부가 고온으로 올라가기 때문에, 산소보다 무거운 원소들도 연료로 쓸 수 있고 훨씬 다양한 핵융합 반응을 통해 다양한 무거운 원소들을 만든다. 철을 만든 후 무거운 별들은 초신성 폭발을 한다.

큰 별이 초신성 폭발과 함께 인생을 마감할 때, 일부 물질은 그 폭발의 잔해인 블랙홀이나 중성자별 안에 갇히지만 대부분은 우주 공간으로 환원된다. 만일 초신성이 자기가 만든 귀한 원소들을 우주에 나누어 주지 않는다면 어떤 일이 일어날까? 그 후에 태어난 젊은 별은 초기 우주가 만든 수소와 헬륨 등 극히 단순한 원소 외에는 갖지 못한 채 태어나게 될 것이다. 태양도 예외가 아니다. 그러면 태양계에선 생명이 시작할 수 없었을 것이다. 우주는 무기물 우주가 된다. 우주가 시작하고 팽창하고, 별과 행성이 만들어지고, 은하가 탄생하고 ……. 하지만 평화로워 보이는 우주엔 이렇게 무기물 외에는 다른 어떤 숨 쉬는 것도 있을 수 없다. 생명이 없는 우주가 되는 것이다.

결국 우리 몸속의 원소 중, 수소는 초기 우주가, 그 외 다른 모든 원소들은 작고 큰 별들이 제공했다. 특히 산소보다 무거운 원소들은 거의 대부분 태양이 태어나기 전, 그러니까 약 46억 년 전 어느 날, 이 근처에서 살다가 초신성 폭발과 함께 생을 마감한 이름 모를 어느 한 거대한 별에 의해 만들어졌을 가능성이 높다. 즉 70억 지구 인구는 모두 한 별의 흔적을 공유하고 있는 것이다. 이렇게 말하는 것이 우린 모두 한 우주 안에서 태어난 형제라고 우기는 것과 뭐가 다르냐고 누가 따지면 달리 변명할 도리는 없지만 그래도 신기하지 않은가. 우리 몸의 구성 요소를 대충이 아닌 이런 정밀도를 가지고 이해할 수 있다는 것이.

이쯤 강의하고 나서, 학생에게 다시 묻는다. 학생은 성과 본이 무엇입니까? 지혜로운 우리 학생, 곧 수줍게 답한다. 초신성 박 씨입니다.

우리 사회에도 종종 초신성과 같은 역할을 하는 사람들이 있다. 땀 흘려 이룩한 재화, 기술, 지식, 능력 등을 아낌없이 사회와 나누는 그런 사람들은 그 한 사람의 나눔으로 수많은 다른 사람들을 살리기도 한다. 자연의 섭리가 인간 사회와 닮은 예 중 하나이다.

언젠가 우리 대학교의 채플 강사로 오신 한 연사께서 강연을 다음과 같이 시작했다고 한다. “여기 앉아 계신 여러분은 아무것도 안 하면 일생 동안 5000명의 등을 쳐 먹고 살 가능성이 큽니다. 하지만 여러분이 열심히 살면 오히려 5000명을 먹이는 삶을 살 가능성이 크지요. 5000명을 죽이겠습니까, 살리겠습니까?”

참 맞는 말이다. 서로 다른 과정을 통해 결국 좋은 학력을 소유하게 된 사람이 그 교육 기회를 좋은 뜻을 위해 사용하지 않으면 오히려 학력과 배경을 무기삼아 일하지 않고도 남들보다 좋은 것을 누리며 살 수도 있다. 이러한 상황이 사회에 커다란 역기능을 할 것은 자명하다. 하지만 능력을 좋은 의도로 잘 이용하면 많은 이들에게 덕을 끼칠 수 있다. 처음엔, 또 매일 듣던 좋은 말만 하겠지 하고 관심을 보이지 않던 학생들이 갑자기 자세를 고쳐 잡는다. 남은 강연을 머리가 아닌 가슴으로 들었을 것은 말할 필요도 없다.

나는 이 이야기를 들을 때, 앗, 우리도 꼭 초신성 같구나 생각했다. 초신성에서 출발해서 그런가? 초신성이 그저 폭발만 하면 주위에 엄청난 충격을 일으켜 평화롭던 주변을 망가뜨리기만 한다. 하지만 폭발을 통해 중요한 원소들을 우주에 환원할 때 오히려 우주에 생명의 씨앗을 뿌리게 되는 것 아닌가. 당신은 초신성처럼 살고 싶은가?

태양:
세렝게티의 사자

“아. 여러분. 저기 멀리 보이는 멋진 나무 아래 사자 한 무리가 쉬고 있는 게 보이시나요. 또 저쪽에 암컷들이 얼룩말 새끼를 쫓고 있네요. 쯧쯧. 수컷 사자들은 그냥 그늘에서 쉬고 있군요. 어제도 다른 여행 그룹을 모시고 여기를 지날 때 똑같이 놀고 있더니, 역시 수컷들은 사람이고 짐승이고 주로 게으른가 봐요. 하하.”

아프리카 세렝케티 평원에서 일하는 여행 가이드의 설명이다. 아프리카 평원의 지존은 말할 것도 없이 사자다. 그런데 이 여행 가이드의 말에 따르면 힘이 센 수사자들은 주로 놀고, 암컷들이 사냥을 한단다. 그리고 이 말은 일반적으로 사실이다. 그런데 가이드가 금방 눈치 채지 못한 것이 있다. 어제에 비해 그늘에서 “놀고 있는” 수컷의 숫자가 둘이

빈다. 왜일까?

사자와 같이 영역에 민감한 짐승이 하이에나이다. 아직 많은 것이 밝혀져 있지 않던 과거엔 하이에나가 썩은 고기나 먹는 지저분한 짐승으로 알려졌지만 사실은 일대일 전투에선 치타나 표범을 압도할 정도로 싸움의 달인이고 영민하기로 치자면 당해 낼 짐승이 없을 정도다. 자연히 사자와의 세력 다툼이 빈번하다. 자신보다 몸집이 훨씬 큰 사자를 일대일로 싸워 이길 순 없지만 무리를 키워 적은 수의 사자 무리를 상대하면 승산이 있다. 이렇게 사자를 일부러 정면 대결하는 동물은 하이에나가 유일하다. 그런데 이 싸움은 주로 밤에 일어난다. 대략 하이에나의 수가 사자의 수의 네 배를 넘게 되면 하이에나 무리가 이길 수 있다고 한다. 이 싸움은 보통 몇 날 몇 밤에 걸쳐 일어나고, 사자의 경우 싸움의 주역은 단연 수컷이다. 일주일에 걸친 한 전투 끝에, 여섯 마리의 사자와 서른다섯 마리의 하이에나가 죽었다는 기사를 읽은 적이 있다. 여행 가이드는 수사자가 간밤에 어떤 역사를 치렀는지 모른 채 가벼운 유머를 날린 것이다.

이렇게 쉽게 눈에 띄지 않는 비밀스러운 역사가 우주에도 벌어진다. 태양은 지구의 30만 배가 넘는 질량을 가진 기체 덩어리이다. 평균 밀도가 대략 물과 비슷하지만 중심 온도가 1000만 도가 넘고 가장 온도가 낮은 표면도 6000도에 달하니, 전체가 고밀도 사우나인 셈이다. 태양의 표면은 과거 수십억 년 동안 거의 일정한 온도와 밝기를 유지해 왔는데 만일 태양의 표면 온도나 밝기가 내년부터 1퍼센트만이라도 다르게 된다면, 우리 지구는 급격한 기후 변화를 겪게 되어 인류 멸망의 길로 접어들게 될 것이다. 실로 평온해 보이는 태양의 위력은 미약한 인간에겐 상상을 초월한다. 그런데 태양이 그렇게 평온해 보이기 위해 어떤 일을 하고 있을까?

엄청난 질량에 따른 중력은 태양의 중심을 향해 수축하도록 지시한다. 이대로라면 태양은 약 20분 만에 중력 수축하고 최후를 맞이한다. 하지만 열역학적인 개념(비리얼 정리)을 따르면, 수축에 따른 중력 에너지 감소의 절반은 내부 온도를 높이는 데 사용되어 중력에 반하는 압력의 역할을 하게 된다. 이 경우, 태양이 그 크기를 약 3000만 년(켈빈-헬름홀츠 시간) 정도는 유지할 수 있다. 하지만 정작 태양의 모습과 성질을 유지하는 주역은 내부에서 매 순간 일어나는 핵융합 반응이다.

태양 전체 질량의 약 10퍼센트를 차지하는 중심부는 1000만 도 이상 온도가 올라가는데 이런 고온 환경에서는 수소 원자핵들이 고속으로 운동해 양자 역학적 터널 효과를 통해 서로 충돌하는 일이 빈번해진다. 그 결과 수소보다 약 네 배 더 무거운 헬륨 원자핵을 만들게 되는데 그 과정에서 빛이 발생한다. 태양은 일정한 빛을 내기 위해, 이렇게 매초 약 1조 개의 수소 폭탄 폭발과 맞먹는 일을 하고 있는 것이다. 1초에 1조 개 수소 폭탄. 오타가 아니다. 이 빛이 반지름 70만 킬로미터인 태양을 빠져나오기엔 빛의 속도로 2초 정도면 되지만 실제론 태양 내부가 워낙 빽빽한 '사우나' 상황이라 수십만 년이 걸린다. 태양은 이렇게 드라마틱하게 만든 빛을 어렵게 외부로 수송하고 멀리 전달해 지구 생명 존속에 핵심적인 역할을 하는 것이다. 내가 강의실에서 가끔 태양을 수사자에 비교하는 이유이다.

+

내 과학자로서의 삶은 카페나 식당에서 볼 수 있는 냅킨을 도구삼아 성장했다고 해도 과언이 아니다. 영어 표현을 빌리자면 'back-of-the-envelope calculation(봉투 뒷면 계산)'이 바로 그것이다. 나는 대학 시절부터 카페나 식당에서 누구를 기다리는 상황에 처하면 거의 기계적으로 앞에 있는 냅킨을 집어 들고 그 순간 제일 궁금해하는 계산을 하곤 했다. 그게 뭐든 상관없고 엄청나게 정밀할 필요도 없다. 중력의 힘이 너무 세서 빛조차도 빠져나올 수 없다는 블랙홀의 크기는 얼마만큼일까? 지구의 위치에서 태양과 달이 미치는 중력적 영향의 비는 어느 정도일까? 우주 나이 38만 년일 때 우주의 평균 물질 밀도는 어느 정도였을까? 수소 핵융합을 이용하면 태양은 몇 년 동안이나 지금처럼 밝게 빛날 수 있을까? 백색 왜성의 표면 자기장은 어느 정도일까? 기억력이 나빠서 계산해 본 적 있는 질문의 답을 쉽게 잊어버리는 나는 이런 '어림 계산'을 매 질문마다 여러 번씩 했다. 본문에 소개된 "태양 내부에서 매초 몇 개의 수소 폭탄이 터지고 있는가?"도 이런 어림 계산 중 하나이다. 프린스턴 대학교의 한 세계적인 천문학자는 컴퓨터에서 나오지 않은 것은 아무것도 안 믿는다고 했단다. 어느 정도 농담이었겠지만 말이다. 그분과 같은 대가에게 내 의견은 별 의미가 없긴 하지만 나는 학생들에게 종종 달리 말한다. 그 어떤 컴퓨터 계산 결과도 냅킨과 작은 계산기로 어림 계산해 검증할 수 없다면 믿지 말라고. 우리 학생들이 큰 컴퓨터를 사용한 엄청나게 복잡한 계산 결과를 내 연구실로 들고 들어오면 나는 세상에서 가장 원시적인 막대자와 연필을 가지고 결과를 테스트한다. 내 학생들의 자존심을 건드리는 행동일까?

세 쌍둥이 우주 망원경

나사의 '작은 우주 탐사선 프로그램(Small Explorer Program)'의 일환으로 시작된 프로젝트들 중, 태양 관측 위성 헤시(HESSI), 적외선 우주 망원경 와이어(WIRE), 그리고 자외선 우주 망원경 갤럭스(GALEX), 이렇게 세 개는 같은 시기에 태어났다. 세 망원경 다 비슷한 크기인데, 지름 50센티미터, 길이 2.4미터의 소형 망원경을 페가수스라는 시스템을 통해 우주에 띄우는 프로젝트이다. 나사가 '소형'이라고 부르긴 하지만 각 프로젝트의 예산은 약 1300억 원에 달하고, 그 외 나사가 가진 발사체, 발사대, 추적, 신호 전달 등에 대한 비용을 계산하면 우리나라의 관점에선 그야말로 '천문학적' 비용이 드는 프로그램이다. 한날한시에 나사의 승인을 받고 태어난 이 셋은 각기 다른 그러나 동일하게 큰 풍

운의 꿈을 가지고 개발되었다.

셋 중 가장 진도가 빠르게 나간 것은 와이어였다. 와이어는 적외선으로 우주를 보는 망원경이었는데 오늘날의 스피처 우주 망원경과 같이 별을 많이 만들고 있는 은하를 찾는 연구를 하기 위해 계획되었다. 모든 것이 순조롭게 진행되었다. 1999년 3월이었나 보다. 칼텍에 자리 잡고 있던 우리 갤럭스 팀은 와이어의 발사 과정을 실시간으로 주시하고 있었다. 당시만 해도, 페가수스 발사에는 불안한 요소가 매우 많았다. 보통의 인공위성이 오랫동안 기술을 축적해 온 로켓을 통해 주로 발사되는 반면, 이 세 우주 망원경은 페가수스라는 시스템을 따라 우주에 띄워지기 때문이다. 우선 망원경을 실은 미사일 모양의 발사체를 항공기에 매단 채 이륙한 후 지상 12킬로미터 상공에서 공대공 미사일을 발사하듯 발사체를 자유 낙하시킨다. 발사체는 허공에서 미사일처럼 새로이 추진력을 받아 우주 공간으로 날아가고 지상 540킬로미터 정도 되는 곳에서 안정된 궤도를 찾는 것이 일차 목표이다.

와이어는 이 모든 과정을 무사히 마치고 계획된 궤도에 도달했다. 이 소식이 알려지자 와이어 팀과 개인적인 관계가 없는 우리 갤럭스 팀도 환호를 하며 즐거워했다. 내 기억엔 우리가 실제로 샴페인도 터뜨린 것 같다. 그런데 다음날인가, 비보가 전해졌다. 제 궤도에 오른 우주 망원경은 한동안 정신없이 돌며(tumbling) 궤도를 돌고(revolving), 하늘에 대한 완벽한 자세를 갖추기 전에는 카메라의 뚜껑을 열지 않는다. 그런데 그 뚜껑이 웬일인지 계획보다 일찍 열렸다는 것이다. 와이어는 적외선 망원경이다. 하늘의 미약한 적외선 천체의 신호를 찾기 위해 고감도 신호 검출기를 장착해 제작되었다. 그런데 우리 지구는 절대 온도 300

도 정도의 좋은 적외선원(source)이기도 하고, 하늘의 천체에 비하면 비교할 수 없으리만치 가깝기 때문에 엄청난 적외선 천체이다. 와이어의 신호 검출기는 본의 아니게 일찍 열려 지구 방향을 바라보는 바람에 바로 기능이 정지되었다. 한마디로, 봐선 안 될 것을 본 것이다. 롯의 아내가 뒤를 돌아보다 소금 기둥이 되어 오늘날 사해(혹은 염해)의 기원이 되었다는 것처럼. 훗날 와이어에 대한 보고서를 보면, 적외선 검출기의 기능을 보장하는 냉각수가 유실되는 바람에 위성이 기능을 상실하게 되었다고 공식적으로 발표되긴 했는데 여하튼 내가 당시 처음 들은 소식은 내가 기술한 바와 같다. 정확한 경위야 어떻든, 이렇게 수백 명이 10년 이상 몸담아 일하고 국가가 수천억 원을 쏟아부은 프로젝트가 한 순간에 어두운 역사가 되었다.

두 번째로 발사가 준비되어 가던 헤시는 태양 관측 위성이다. 태양은 정확히 11년을 주기로 흑점 활동이 변하는데 대략 2000년에서 2005년 사이에 활동이 활발할 것으로 예상되어 그동안 정밀 관측하는 것이 이 프로젝트의 목표였다. 모든 준비가 완료된 것으로 보인 2000년 3월, 이제 남은 것은 진동 테스트이다. 망원경은 항공기에 매달려 이륙하고 상공에서 미사일 발사체에 실려 날아가야 하는데 그 과정에 다양한 진동이 일어나고 그런 진동이 기계에 큰 무리를 준다. 이를 위한 진동 테스트는 캘리포니아 주 패서디나 북쪽에 있는 나사 산하 제트 추진 연구소에서 진행되었다. 훗날 나도, 우리 갤럭스 우주 망원경이 진동 테스트를 받게 될 때 이곳에 가서 진동 테스트를 지켜본 적이 있다. 참여한 적이 있다고 말하고 싶지만 나사의 규칙이라는 것은 정말 상상을 초월할 정도로 까다롭다.

잠깐 한눈을 팔자면, 한번은 갤럭스 위성에 나사(여기에선 볼트 너트 나사를 말한다.)를 두어 개 조여야 하는 순간이 있었다. 그런데 미국인 교수들과 연구자들을 포함한 우리 중 누구에게도 그 권한이 없었다. 그냥 나사(볼트)를 죄면 되는데 나사(NASA)가 나사(볼트) 죄는 과정을 너무 복잡하게 만들었다. 결국 동부의 나사(NASA) 본부에서 공인된 엔지니어 두 명이 며칠 후 도착했다. 그러곤 나사를 죄기 위해, 한 명은 죄는 압력을 크게 외치고, 옆에 다른 한 사람은 조그만 전자 기구를 가지고 정확히 그 압력에 해당하는 힘을 주어 나사를 죄었다. 나를 비롯한 서너 명의 연구자들은 그럴싸한 방진복을 입은 채 멀쩡히 옆에 서서 확인만 할 뿐이었다. 이렇게 까다롭게 모든 일을 진행하니 실수가 틈타기 어렵다.

다시 원래 이야기로 돌아가서, 드디어 헤시가 진동 테스트대에 올려졌다. 그런데 있을 수 없는 일이 터졌다. 헤시의 진동 테스트를 진행하던 팀이 실수를 해 원래 2G 정도의 진동까지만 올려야 하는데 열 배나 되는 20G를 주어 버린 것이다. 1G는 지구 중력장에서 자유 낙하할 때 받는 압력이다. 스카이다이빙을 할 때 느끼는 힘 말이다. 계획된 것의 열 배나 되는 진동을 받은 불쌍한 헤시는 그 자리에서 전사했다. 이 프로젝트를 아기처럼 다루며 지난 십수 년 동안 학자의 일생을 바쳐 온 과학자들과, 이런 망원경은 우리 밖엔 못 만든다는 긍지를 가지고 부품 하나하나를 만들고 조립해 온 엔지니어들이 모두 순간 망연자실했을 것은 말할 것도 없다.

큰 프로젝트를 할 땐 보통 모든 것을 둘씩 만든다. 「콘택트」를 본 사람은 내가 무슨 말을 하는지 알 것이다. 영화에선 외계인에게로 이끌어 줄 우주선 발사를 위한 발사장 자체를 악당이 폭파하는데 다행히 인류는 똑같은 발사장을 하나 더 예비로 만들어 놓는다. 실제론 이렇게까지 준비하진 않지만 헤시도 똑같은 예비 장비가 있었다. 하지만 모든 것을 새로 다시 준비해 결국 우주로 성공적으로 쏘아진 2002년엔 이미 태양 주기의 시작점을 놓친 순간이었다. 과학 임무의 일부를 포기할 수밖에 없게 된 것이다.

상대적으로 느리게 진행되던 우리 자외선 우주 망원경 프로젝트 갤럭스는 2003년 4월에야 비로소 페가수스 발사를 하게 되었다. 이때 나는 이미 2년 전에 영국으로 직장을 옮긴 후였으니, 갤럭스 발사 광경을 지켜볼 기회는 없었다. 그 자리에 있던 많은 과학자들이 그 순간 얼마나 감격적이었는지를 내게 수없이 전했다. 특히 쌍둥이 둘이 다 어려움을 겪게 된 후의 성공적 발사란 이루 말할 수 없는 감격이었다. 갤럭스는 계획된 30개월의 임무 기간을 훨씬 뛰어넘는 지금까지 9년에 걸쳐 궤도를 지키고 있고 연구가 지속되고 있다.

어떤 사람은 셋 중 하나만 성공했다고 말한다. 하지만 난 셋 다 다른 의미의 성공을 거두었다고 믿는다. 앞선 두 프로젝트의 아픔을 통해 세 번째 미션이 더욱 정밀하게 진행되었던 것은 말할 것도 없으니.

하루는 어떤 진중한 학부 학생이 면담 요청을 해 왔다. 어떻게 하면 훌륭한 과학자가 될 수 있냐는 질문이다. 기특한 질문이다. 그래서 훌륭한 과학자가 뭘 의미하냐고 되물었다. "아 그거요? 전 다른 사람들이 다 할 수 있는 그런 시시한 연구 말고 역사에 남을 만한 위대한 연구를 하고 싶습니다."라고 답한다. 그래서 내가 "아 학생은 나 같은 과학자는 되고 싶지 않다는 말인가 보네." 했더니 급히 부정하는 손짓을 한다.

"아뇨. 교수님은 훌륭하신데 ……." "하하. 아니, 난 그리 훌륭하지 못해요. 나에겐 귀하지만 인류가 볼 때 그리 멋진 연구 결과를 내고 있는 것도 아니죠." 순진한 그 학생이 짓궂은 내 답에 몸 둘 바를 모른다.

내가 하는 연구는 엄청나게 재미있지만 나의 연구 성과는 역사에 남을 만한 것은 못 된다. 수수께끼 같은 우주 현상에 대해 답을 제시한 적이 몇 번 있긴 하지만 십수 년이 흐르고 나니, 내 답이 그리 신빙성 있어 보이지만은 않다. 나보다 더 멋진 대안을 제시한 학자들도 있고, 훗날의 과학자들이 판단할 일이다. 만일 훗날의 과학자들에 판단에 의해 내가 제시한 답들이 참이 아니고 모두 거짓으로 판명된다면 나는 과학자로서 헛산 것일까?

나는 내 연구를 통해 성공적인 결과를 얻고 싶지만 실패할 것이 두렵진 않다. 나의 성공이 이전 다른 이들의 많은 실패와 좌절을 통해 얻어지는 것처럼, 나의 실패도 누구에겐가 성공을 향한 값진 거름이 될 수 있을 것이라고 믿기 때문이다.

암흑 에너지

작년 가을 한국 천문 학회는 특별했다. 천문 학회가 열리기 하루 전날 밤 노벨 물리학상 수상자가 발표되었는데 그 대상이 천문학 최대 관심 대상인 암흑 에너지의 발견에 대한 공헌이었던 것이다. 수상자로 호명된 사람은 오스트레일리아 국립 대학교의 브라이언 슈미트, 미국 로렌스-버클리 연구소의 사울 펄머터와 존스홉킨스 대학교의 아담 리스였다. 학회가 열리는 아침부터 만나는 사람마다 인사가 암흑 에너지에 관해서였다. 사실 나는 암흑 에너지에 관해 바로 이와 같이 설레는 경험을 벌써 15년 전에 했다.

그때가 1997년 겨울이었나 보다. 나는 당시 나사에서 근무하고 있었다. 미국 천문 학회를 두어 주 앞두고 나사의 구석구석마다 웅성거림이 시작되었다. 가속 팽창 우주 어쩌고 하면서 사람들이 열띤 논쟁을 하고 있었다. 나사에 들어온 지 1년밖에 안 된 신참인 나는 눈을 휘둥그레 뜨고 궁금한 마음을 조심스레 드러내었다. 가만 들어 보니, 슈미트-리스 그룹과 펄머터 그룹이 독립적으로 수행한 연구에서 암흑 에너지의 흔적이 발견되었다는 것이다. 암흑 에너지가 무엇인가를 이해하기 위해서는 시간을 100년 전으로 돌려 20세기 최고의 석학 알베르트 아인슈타인의 연구실로 돌아가야 한다.

1915년, 아인슈타인은 1687년 뉴턴의 중력 법칙 발견 이후 가장 위대한 물리 이론을 정립했다. 이른바 일반 상대론. 얼핏 보면, 일반 상대론은 뉴턴의 중력 법칙과 거의 동일해 보이고 거시적인 스케일에선 같아 보여서 단순한 중력 법칙의 수정 보완처럼 보이지만 사실은 근본적으로 다른 어마어마한 가치를 지니고 있다. 뉴턴의 중력 법칙을 포함한 모든 이전의 이론은 시간과 공간을 절대적 개념으로 다룬 반면, 일반 상대론은 존재하는 에너지의 양에 따라 시간과 공간이 달리 규정되고, 시간은 공간과 뗄 수 없는 개념이라 이제 시간(time), 공간(space) 대신 시공간(spacetime)이라는 새로운 개념을 제시한다. 이 이론에 따르면, 에너지가 많이 모여 있는 곳에선 그렇지 않은 곳에 비해 시간이 더디 흐르고 공간은 잡아 늘려져 있다는 것이다. 이게 뭔 귀신 씨나락 까먹는 소리냐 하겠지만 일반 상대론은 이미 수많은 실험을 통해 증명되었다.

시공간의 정의에 대한 일반 상대론의 가치를 누구보다 잘 아는 아인슈타인은 1915년 이후 여생을 우주의 기원을 밝히기 위해 썼다. 시공간이 절대적이지 않다는 말은 시공간 자체인 우주도 변할 수 있다는 말이다. 만일 우주의 한계가 있다면, 일반 상대론 중력 법칙에 따르면 시간이 지날수록 우주는 중력 중심을 향해 수축해야 할 것이다. 그렇다면 우주는 현재 빠른 속도로 수축 중인가? 언젠가는 한 점으로 수렴해 붕괴될 것인가? 아인슈타인은 이런 불안정한 우주 이론을 받아들일 수 없었다. 그는 우주는 아름답고 영원 불멸하다고 믿고 싶었던 것이다. 따라서 임의로 그의 일반 상대론 장방정식에 중력에 반하는 에너지 항을 하나 넣고 그를 우주 상수라고 불렀다. 그가 설정한 우주 상수는 에너지의 역할을 하지만 음의 압력을 가지고 있고 중력에 반하는 효과를 가진다. 정말 이런 에너지가 있을까 모두 의심했으나, 아인슈타인의 카리스마에 눌려 잠잠히 지냈다. 이때가 1910년대 말이다.

하지만 1920년대 중반 벨기에의 가톨릭 신부이자 물리학자 겸 천문학자 조르주 르메트르는 아인슈타인의 장방정식에 수축하는 해 말고도 팽창하는 해가 존재한다는 것을 깨달았다. 사실 이는 몇 해 전 러시아의 프리드만이 발견한 바와도 같다. 르메트르는 또한 우리 은하 주변의 은하들이 모두 우리 은하로부터 멀어져 가는 관측적 사실을 이용해 그의 팽창설이 관측적으로도 지지된다는 것을 보였다. 몇 년 후, 미국의 에드윈 허블도 같은 결과를 발표했는데 신기하게도 허블은 르메트르가 프랑스 어로 발표한 학술 논문의 내용을 인지하고 있었음에도 불구하고 전혀 인용하지 않았다. 오늘날 그 이유에 대해 설왕설래하는데 최근 들어 역사를 바로잡자는 의미에서 나를 비롯한 많은 천문학자들이 '허블의 우주 팽창 법칙'이라는 용어 대신 '르메트르의 우주 팽창 법칙' 혹은 '르메트르-허블의 우주 팽창 법칙'이라고 고쳐 부른다.

진실이야 어떻든 르메트르와 허블이 우주 팽창을 관측적으로 밝힌 후, 아인슈타인은 자신의 우주 상수 개념이 필요 없어진 것을 깨닫고 곧 폐기하게 된다. 그때가 1929년이다. 그런데, 68년이 지난 1997년에 이 우주 상수가 부활한다. 슈미트-리스 그룹과 펄머터 그룹은 동시에 우주 멀리에 있는 초신성들을 조사했다. 그런데 먼 거리에 있는 초신성들의 밝기가 예측보다 조금씩 어두운 것이다. 이는 우주의 팽창 속도가 지난 50억~60억 년 동안, 일반 상대론적 중력 법칙의 예측보다 빠르게 팽창해 왔다는 것을 이야기한다. 처음엔 이게 뭘 의미하는지 연구자들도 알지 못했다. 관측 자료의 분석이 말도 안 되게 잘못되었다고 생각하고 다시 처리하고 분석하기를 몇 번, 두 그룹은 눈이 휘둥그레졌다. 특히 두 그룹의 결과를 비교해 보니 서로 놀랄 만큼 일치하는 것이 아닌가. 그런데, 이런 '우주의 가속 팽창'이 가능해지는 경우가 있다. 아인슈타인이 제시했다가 폐기했던 우주 상수가 존재하는 우주가 바로 그렇다.

우주 상수는 오늘날 그 정체를 아직 모른다는 의미에서 '암흑 에너지'라고 불린다. 초신성 연구에 따르면 우주 전체의 에너지의 70퍼센트 정도가 암흑 에너지이다. 우주 배경 복사 연구와 은하들의 공간 분포(거대 구조) 연구를 통해서도 지지되는 값이다. 이 말이 맞다면, 우주의 시공을 결정하고 시작과 끝, 즉 운명을 결정하는 에너지 총량의 대부분은 우리가 알지 못하는 어떤 에너지의 형태로 존재한다는 것이다.

나는 과학자로서 이런 상황이 상당히 불편하다. 우주는 분명히 아름답게 존재하고 있다. 물론 대부분의 현상이 극도로 복잡하긴 하지만 어느 정도 명쾌한 물리 법칙을 따라 진행되고 있어 보인다. 진실인지는 모르겠지만 설명이 가능하단 말이다. 반면 암흑 에너지는 존재하는 것처럼 보이는데 정체를 알 수가 없다. 그런데 그 역할이 지대하다. 우주의 운명을 좌지우지한다. 그러니 덮어 놓고 지날 수가 없다는 말이다. 아직 나를 포함한 많은 과학자들이 암흑 에너지의 존재와 실체에 대해 의구심을 가지고 있다. 하지만 그것이 천문학 최대의 이슈인 것만은 분명하다.

+

외계인이 지구의 한 가정을 엿본다. 이 집안의 최고 권력자는 키가 작고 말총머리를 하고 있는 비교적 어린 세포를 가지고 있는 여성이다. 그보다 조금 더 크고 얼굴에 주름이 많아 보이는 다른 여성은 매일 그 어린 여성을 위해 음식을 만들고 빨래를 하고 거주지를 청소한다. 가끔 잔소리를 하지만 행동을 보면 영락없는 하인이다. 가장 키가 큰 남성은 이마가 벗겨지고 배가 불룩하다. 종일 개미처럼 일을 해 그 가정이 필요로 하는 모든 재원을 마련한다. 밤늦게 집에 들어오면 발뒤꿈치를 들고 걸어야 하며, 어린 여성에게 방해될까 봐 큰 소리도 못 낸다. 어린 여성의 행복을 위해 이 늙은 남성이 할 수 있는 최대한의 행동은 없는 것처럼 지내는 것이란다. 그런데 가족 증명을 보니, 나이 많은 남성과 여성은 어린 여성의 아버지이고 어머니란다.

이 가족에 대한 외계인의 분석 결과는 다음과 같다. "드러난 중요한 인자, 즉 그들의 가족적 위치, 육체적 힘, 재정 능력, 대인관계를 기반으로 분석한 결과, 이 가족이 보이는 현재의 행동 양태는 이해하거나 설명할 수 없음. 상황을 이해하기 위해선 뭔가 나타나 있지 않은 다른 분석 요소가 필요함. 우리는 일단 그것을 암흑 에너지라고 부르겠음. 추후 연구가 필요함. 이상." 이 경우, 암흑 에너지는 '사랑'이었다.

암흑 물질과 사람 인프라

암흑 물질의 존재가 처음 드러난 것은 1930년대이다. 칼텍의 프리츠 츠위키 교수는 시대를 앞서 나간 천재이자 괴짜로 유명했다. 그런 그에게, 바로 수년 전, 같은 패서디나 시 안에 1킬로미터 남짓 떨어진 카네기 천문대의 에드윈 허블이 외부 은하의 존재를 처음으로 밝힌 것은 그를 흥분시키기에 충분했다. 나는 칼텍에 3년간 근무한 적이 있는데 세계 최고의 관측 연구 기관인 카네기 천문대와 칼텍은 그 가까운 거리에 비해 매우 벌게 느껴질 정도로 경쟁 구도가 눈에 띄었다. 그런데 허블의 외부 은하 개념을 가장 먼저 활용해 획기적인 천문학의 전기를 마련한 사람은 칼텍의 츠위키였다.

츠위키는 우리 은하 밖에 멀리 있는 은하들이 군데군데 꽤 여럿이 모여 있는 것을 발견했다. 이른바 은하단인데, 이런 곳엔 우리 은하처럼 거대한 은하들이 수십 개, 작은 은하까지 합치면 수천 개가 몰려 살기도 한다. 츠위키는 대표적인 은하단인 코마자리 은하단을 연구 대상으로 삼았다. 그는 코마 은하단 내의 은하의 공간 분포를 관찰한 후, 은하단이 비교적 역학적 평형을 이루고 있다는 것을 알게 되었다. 그는 또, 역학적 평형 상태를 가정하면, 은하의 공간 분포로부터 은하단 내의 총질량을 산출해 낼 수 있다는 것을 알게 되었다. 그런데 이렇게 산출된 코마 은하단의 총질량은 그 안에 있는 은하들의 질량의 합에 비해 수백 배 크게 드러난 것이다. 츠위키는 눈에 보이지 않는, 즉 쉽게 관측되지 않는 엄청난 양의 '암흑 물질'이 은하들 사이에 있다는 주장을 하게 된다. 이 엽기적인 주장은 당시엔 전혀 주목을 끌지 못했다.

40년이 흐른 후 베라 루빈과 켄트 포드가 새로운 관측을 통해 암흑 물질이 은하 내부에도 존재한다는 것을 발견했을 때 비로소 사람들은 츠위키의 낡은 논문을 다시 펼쳐보게 되었다. 그 후 수백 편의 논문을 통해 암흑 물질의 존재가 거듭 주장되어 왔다. 암흑 물질. 암흑 에너지와 비슷하게, 암흑 물질도 그 존재를 잘 이해하지 못하고 있기 때문에 '암흑'이라는 접두어를 가지고 있다. 암흑 에너지와 함께 암흑 물질은 천문학뿐 아니라 입자물리학에서도 가장 중요한 도전 과제 중 하나로 여겨진다.

암흑 물질의 역할은 다양한데, 그중 가장 중요한 것은 은하 형성에 미치는 영향이다. 원자를 기본 구성 단위로 하는 우리가 알고 있는 일반물질 '바리온'과는 달리 암흑 물질은 빛과 상호 작용을 하지 않기 때문에, 빛이 호령하던 뜨거운 우주 초기부터 꾸준히 세력을 키워 나갔다. 즉 중력적으로 뭉치기 시작했다는 말이다. 빛의 뜨거운 맛에 정신 못 차리던 바리온이 식어 가는 우주 속에서 겨우 정신을 차리고 중력적으로 모이기 시작했을 때, 바리온은 어디에 얼마만큼 모일까를 스스로 결정할 필요가 없었다. 달리 말하자면, 스스로 결정할 수가 없었다. 이전부터 세력을 키워 온 암흑 물질들이 어느새 꽤 큰 중력장을 이미 만들어 놓았기 때문이다.

한국 교육의 현실에 진저리를 치는 김 부장은 이민을 가기로 결정한다. 어디로 갈까. 그래도 가끔 김치를 먹으려면 한국 가게도 있어야 하고 그러려면 도시가 조금 커야겠지. 친구 박 차장이 어디에 있다고 했더라. 누님이 사시는 곳도 좋겠군. 고려를 하다 보니 결국 적당히 큰 도시 중에 아는 사람들이 있는 곳으로 결정한다. 후에 은하를 만들게 되는 바리온이라고 통칭되는 보통 물질도 마찬가지로 이미 다른 물질들이 모여 살기 시작한 암흑 물질 중력장 내에 보금자리를 잡는다. 이런 의미에서 은하가 언제 어떤 모습으로 어떻게 태어날지는 이미 암흑 물질에 의해 결정된 것이나 다름없다.

내가 이 대목을 우리 학생들에게 가르치다가 다음과 같은 '생각해보기' 숙제를 내준 적이 있다.

> 은하가 태어나고 자라는 과정이 암흑 물질이 만든 인프라 구조(infrastructure)에 의해 이미 결정된 것이 인간의 삶의 경우와 어떻게 비교될 수 있을지 토의하라.

일주일 후 숙제를 읽다 보니 120명의 학생들의 의견이 거의 한 방향을 가리킨다. 싫다는 것이다. 은하는 무생물인 물질이니 뭐 아무런 선택의 여지가 없다고 치지만 사람은 엄연히 자유의지를 가진 생물인데, 그 탄생과 운명을 다른 것이 결정한다면 매우 기분 나쁜 일이라는 것이다.

젊은 학생들은 부정적인 면을 보는 데 달인이다. 비판 정신은 젊은이의 가장 중요한 덕목이기도 하다. 하지만 약간은 의외였다. 우리가 사회 간접 자본 인프라를 말할 때도 그것이 잘 갖추어 있으면 여러 활동에 도움이 된다고 하지 않는가. 은하의 경우에도 암흑 물질이 먼저 자리를 잡아 주지 않았더라면 대부분은 태어날 기회도 갖지 못한다. 사람도 마찬가지로, 사회적 틀, 제도, 문화, 국가 등의 인프라 구조가 한 사람의 이상을 실현하는 데 중요한 기초를 제공하곤 한다는 것은 논란의 여지가 없다. 더 지엽적으로 보자면, 부유한 부모를 만나 윤택한 학창 시절 동안 풍성한 교육을 받은 이들이 더 나은 직장을 갖게 되는 것을 분명히 '혜택'이라고 느낄 것이다. 그런데 많은 학생들에게 이런 긍정적인 면보다 부정적인 면이 더 눈에 띄나 보다.

인간의 삶은 환경에 의해 지대하게 영향을 받는다. 최근 신문 기사를 보면 서울 대학교에 입학하는 학생의 약 90퍼센트가 사교육을 받았다고 한다. 옛날처럼 "교과서 중심으로 공부했고요. 되도록 잠을 충분히 자려고 노력했어요." 같은 이야기는 이제 별로 들리지 않는다. 사교육이 많은 가정의 재정에 큰 짐이 되는 것은 자명하다. 강남의 저 비싼 아파트는 보통 사람의 봉급을 저축해서 얻을 수 있는 종류의 것이 아니다. 물려받은 재산이 지름길이다. 문제 많던 국가고시들이 사라져서 대학 교육이 정상화되나 했더니, 배경과 경력이 화려한 대물린 엘리트들이 그나마 시험이라는 통과의례조차 생략하고 지도자의 위치를 거머쥔다. "그래서 니들이 뭐 어쩔 건데."라는 투다. 많은 사람들의 눈에 이미 기득권층으로 간주되는 우리 대학교의 학생들의 대부분은 이런 '결정된' 삶에 알레르기 반응을 보인다.

나는 1980년대 초반에 고등학교를 다녔으니 특목고가 탄생하기 이전 세대이다. 처음엔 좋은 일이지 싶었다. 과학 서적을 탐독하고 라디오를 만든다고 납땜질을 하는 어린이들에게 온갖 실험을 맘껏 할 수 있는 학교가 생긴다니. 외국어 교육이 부실한 우리나라에서도 훌륭한 외교관과 언어를 필요로 하는 분야의 전문가를 육성하기 위해 외국어 교육에 중점을 둔 학교가 생긴다니. 반가운 마음이었다. 그런데 이런 교육의 기회는 결국 경제적으로나 사회적으로 기득권을 가진 계층에겐 활짝 열려 있지만 그렇지 못한 대다수의 가정에겐 그림의 떡이 되고 있다. 더 많은 기회를 이미 가진 사람들에게 더 좋은 기회를 새롭게 제공하는 수단이 되고 있는 것이다. 대학 입시 서류 심사를 하다 보면 특목고 출신들은 화려한 경력의 훈장을 셀 수 없이 많이 달고 있다. 그들에 비해 지방 멀리 있는 학교를 다니고 있는 학생들의 서류는 수수하기 그지없다. 훈장의 숫자로 서열을 매기는 현재의 시스템 상에서 부와 기회의 대물림에 거스를 방법이 보이지 않는다. 훌륭하신 분들이 어련히 많은 고민을 하시고 계시겠지만 내 짧은 생각으론, 특목고는 이미 다양한 공, 사교육의 기회를 가진 대도시의 학생들을 대상으로 하기보다 그런 기회가 적은 지방의 학생들과 사교육이 어려운 저소득층 학생들을 대상으로 국가의 전폭적인 지원 하에 실시되면 좋겠다. 일생을 바쳐 과학을 하고 싶어 안달이 난, 그러나 기회가 적은, 그런 학생들을 육성하

● 미국 캘리포니아 주 킹스캐니언 국립 공원의 시냇물. 물속의 자갈이 아름답다. 그 위를 흐르는 물은 투명해서 볼 수 없지만, 보이는 자갈의 모습을 수학적으로 분석하면 물의 양을 알아낼 수 있다. 흐르는 물이 오랜 세월을 통해 자갈을 이곳으로 모으고 그 모양과 크기를 결정했듯이, 관측에 직접 모습을 드러내지 않는 암흑 물질도 보이는 물질인 은하를 끌어 모으고 은하의 모양과 성질을 결정한다. 일반적인 하천에 자갈보다 물이 더 많듯, 우주에도 보이는 물질보다 보이지 않는 물질이 여섯 배나 더 많다. (시냇물을 암흑 물질에 비유하는 것은 미국 캘리포니아 대학교의 암흑 물질 연구 전문가 지명국 박사에게서 얻게 된 아이디어다.)

고, 외국어를 진지하게 배우고 싶어 하는 인문 사회학도를 찾아 가르치는 그런 교육 정책 말이다.

지긋지긋한 "하향 평준화를 지향하는 좌파 이데올로기!"라며 얼굴을 찌푸리는 사람들도 있겠지만 최소한 나는, 기회의 대물림을 당당히 거부하는 대다수 우리 학생들과 한 편에 서 있다. 오늘도 암흑 물질 운운하다가 곁길로 샜다. 그것도 많이.

우주의 생강

악, 또 생강이다. 다른 사람들에겐 음식 속에 꼭꼭 숨어 있는 생강이 유독 내 입으론 쉽게 들어온다. 내 입엔 우수한 생강 검출기가 있나 보다. 그렇다고 내가 특별히 생강을 싫어하는 것은 아니다. 생강차나 편강 같은 것은 좋아한다. 기대하고 먹는 생강은 맛이 좋은데, 전혀 기대하지 않던 상황에서 씹히는 생강은 왠지 맛이 너무 '외계적'이다.

미국 유학 시절 나와 내 처는 각기 다른 주에서 공부를 하고 있었기 때문에 주말 부부로 지냈다. 대부분은 내가 움직였는데 드물게 내 처가 오는 날은 자연히 특별한 날이었다. 그날은 내가 돼지고기 요리를 해 놓고 기다리기로 했다. 먹을 만한 고기를 동네 정육점에서 구해서 살짝 양념해 재어 놓았다가 내 처가 도착한 후 익히기 시작했다. 평소에 안 하던 짓을 하는 내가 신기했는지 내 처가 감격의 눈시울을 적시는 듯하기도 했다. 그런데, 돼지고기를 씹는 순간 그의 얼굴이 일그러진다. 무슨 일인가 나도 먹어 봤더니, 뭔가 이상하다. 중요한 건 다 넣었는데 맛엔 뭔가가 빠졌다. 내 처가 묻는 말. "생강은?" "나 음식에 생강 있는 것 별로 안 좋아해서 안 넣었는데." "으이그." 돼지고기엔 생강이 들어가야 한단다. 내 처가 급한 대로 생강가루를 살짝 뿌리고 버무렸더니 마술같이 음식 맛이 되살아난다. 마치 마법사가 돌 위에 마술봉을 살짝 흔들었더니 돌이 스테이크가 되듯.

세상엔 아주 많이 필요하진 않지만 없어선 안 되는 것들이 있다. 양념이 그중 하나가 아닐까? 맛있는 쇠고기 스테이크 요리의 주재료는 말할 것도 없이 고기이다. 그런데 고기만 덜렁 익혀서 먹으면 왠지 그 값을 다 하지 못한다. 거기에 소금만 살짝 뿌리면, 어럽쇼! 조금 전의 그 고기가 아니다. 거기에 통후추를 살짝 뿌리면 비로소 고기 값을 하게 되고, 프랑스에 가면 길에서 잡초로 자라는 로즈마리를 살짝 얹고 구우면 값비싼 스테이크 요리가 된다. 스테이크 값의 대부분을 차지하는 것은 고기지만 스테이크의 맛을 결정하는 것은 양념이 아닐까 싶을 정도이다.

우주에도 양념의 역할을 하는 것이 있다. 대표적인 것이 원시 밀도 요동(primordial density fluctuation)이다. 수십만 년도 안 된 어린 나이의 '초기 우주'는 그 에너지 분포가 거의 완벽에 가까우리만치 균일했다. 그리고 빅뱅 이론에 따르면, 초기 우주는 무슨 이유엔가 오늘날의 우주가 될 때까지 계속 팽창해 왔다. 충분히 식은 성숙한 우주에서 비로소 생명이 깃들 수 있는 환경이 만들어진다. 하지만 '완벽히 균일한' 우주는 아무리 온도가 생명 탄생에 적합하게 내려간다 하더라도 흥미로운 일을 창출할 수가 없다.

완벽하게 균일하게 공간에 분포하고 있는 물질이 완벽하게 등방으로 팽창을 한다면 입자 간의 중력에 의한 인력이 상쇄되어 공간이 팽창하는 것 외엔 아무것도 일어나지 않는다. 우주 팽창에 따라 입자 간의 간격은 점점 멀어지고, 입자 간의 간격이 멀어질수록 입자들 사이에서 어떤 흥미로운 일도 일어나기가 점점 힘들어진다. 맛있는 스테이크 요리를 위해 양질의 고기가 필요하듯, 우주의 팽창은 우주의 창조 작업에 필수적인 일을 했지만 그것만으론 결정타를 때릴 수 없었던 것이다.

우주의 생강 역할을 한 것은 원시 밀도 요동이다. 원시 밀도 요동은 불완전함이다. 초기 우주는 완벽하게 균일하진 않았지만 '아름답도록' 균일했다. 약간의 불완전함. 그것이 아름다움이고 생명의 씨앗이다. 아주 살짝 불균일한 물질의 공간 분포(학자들은 밀도 요동이라고 부른다.)는 우주가 팽창함에 따라 흥미로운 변화를 초래한다. 상대적으로 조금 더 가까이 있는 입자들 간의 인력은 다른 입자들 간의 인력보다 더 크기 때문에 서로를 잡아당긴다. 더 이상 힘의 상쇄는 없다. 우주의 팽창에도 불구하고, 이렇게 가까이 있는 입자들 간엔 뭉치는 것이 가능해진다. 원자들이 서로 만나 분자가 되고 분자들이 서로 모여 분자 구름을 형성한다. 밀도가 충분히 높아지면 별이 탄생하고, 별들 주위의 물질로부터 행성이 만들어지고 행성 중 극히 일부 적당한 조건을 가진 것에서 생명이 탄생한다.

내 표현을 계속 고집하자면 생강은 그 자체의 맛으로 볼 때 싫고 좋고를 넘어 외계적이다. 기대 않고 씹게 되면 웩 하고 뱉을 수도 있다. 하지만 생강이 돼지고기를 맛나게 한다. 소금도 후추도 다 마찬가지다. 설마 입이 궁금할 때, 통후추를 씹어 먹는 사람은 없겠지. 우주의 밀도 요동도 그 자체론 불완전함이지만 그로 인해 우주가 생명을 갖게 되었다.

사람 사는 세상에도 양념과 같은 존재가 있다. 평범한 시각을 가진 대다수의 사람들이 우주의 팽창에 기여하는 중추적인 역할을 한다면, 튀는 시각을 가진 소수의 사람들은 밀도 요동과 같은 양념의 역할을 한다. 정규 교육 과정의 취지를 잘 따라가는 학생들이 사회의 저변 역할을 하고, 뭔가 문제가 있어 보이는 학생들 중 일부는 에디슨이 되고 빌 게이츠가 된다. 모두 자기의 역할이 있는 것이다.

언젠가 교회에서 초등학생들을 가르친 적이 있는데 한 교사가 여러 행사에서 1등을 차지한 어린이에게가 아닌 꼴등을 한 어린이에게 상을 주자고 한 적이 있었다. 교사들 모두가 놀라 되물으니, 그 어린이는 보나마나 학교에서도 상 받을 일이 없을 것 같으니 교회에서라도 상을 주자는 것이다. 마치 뭐에라도 홀린 듯 우리는 그 교사의 제안을 따랐다. 그리고 그 후에 벌어진 일은 전설이다. 매일 늦게 와서 구석에 구겨져 앉아 있다가 다른 애들하고 싸움만 하던 그 아이가 180도 달라졌다. 그의 눈에 생명의 빛이 보였다. 한 교사의 엉뚱한 생강, 아니 생각이 한 어린이의 삶을 바꾼 것이다.

으슬으슬한 요즘 생강차 한 잔이 그립다.

겨울 학교

미국은 대학원 과정이 우리나라와 비슷해 강의 위주의 교육을 2년 정도 제공하고 학생이 충분히 연구에 뛰어들 준비가 되었다고 느껴지는 3년차부터 본격적인 박사 학위 연구를 허용한다. 반면 유럽의 대학원 과정은 따로 강의를 듣는 교과 과정이 있는 것이 아니라서 외국으로부터 유학을 오는 학생의 입장에서 볼 때 더 적응하기 어려울 수 있다. 유럽이 이렇게 대학원 강의 교육을 소홀히 하는 이유는 우선 그들의 학부 교육의 수준이 대학 간에 비교적 균일하기 때문이고 또한 대학원 교육에 쏟을 재원이 부족하기 때문이다. 재정에 관해 조금 심히 단순화해 말하자면, 미국과 달리 대학과 대학원 교육비가 거의 없거나 (대부분 유럽 국가) 상대적으로 작은 (영국) 유럽에선 박사 학위에 필요한 대학원 과정을 3, 4년에 마치려고 하기 때문에, 그 짧은 기간에 강의를 할 시간이 없다. (여기서 어떤 사람들은 "아 거 봐라. 우리나라도 반값 등록금, 아니 등록금을 폐지해야 한다."라고 말하고 싶겠지만 유럽 대부분의 나라는 연봉의 50퍼센트 정도를 세금으로 걷고 있다. 우리나라보다 대략 다섯 배쯤 많다고 생각하면 된다. 그러니 이 문장을 다른 의미로 사용하지 말자. 세금을 다섯 배 더 내고 싶지 않다면.) 나의 경우 미국에서 대학원을 다니면서 처음 2년 동안 거의 열두 과목을 이수했는데 훗날 다시는 들여다보지 않을 것들도 있었지만 기초 지식을 쌓는 데 큰 도움이 된 것이 사실이었다. 이를 인지하고 있는 유럽의 대학들은 그들 대학의 대학원 수준 지식 전달의 어려움을 보완하기 위해 다양한 방법을 시도한다. 그중 하나가 계절 학교이다.

대부분의 대학원생들이 조교 등의 일로부터 상대적으로 여유로워지는 여름과 겨울에 각 분야의 전문가를 강사로 모시고, 그 분야의 교육을 원하는 세계 각지의 젊은이들을 대상으로 열리는 계절 학교는 그 위치와 강사진에 따라 명성이 결정된다. 미국에서 첫 2년을 마치고 본격적인 학위 연구에 진입할 때, 내게도 계절 학교에 참가할 수 있는 기회가 왔다.

내가 참가한 계절 학교는 12월에 스페인 카나리 섬에서 열리는 겨울 학교였다. 그 주제는 내가 관심이 많던 은하 형성이었다. 화려한 강사진의 리스트에 홀딱 반한 나는 지도 교수를 졸라 지원서를 내게 되었고, 겨울 학교 측의 지원 50퍼센트, 지도 교수의 지원 50퍼센트를 통해 참가하게 되었다. 강사진은 그야말로 드림팀이다. 은하 역학의 시조 도날드 린덴-벨, 고에너지 천문학의 대가 마틴 리즈, 2단계 은하 형성 이론의 시조 사이먼 화이트, 나선 은하 컴퓨터 실험의 대가 조슈아 반즈, 타원 은하 역학 이론의 팀 드제우, 막대 나선 은하 모의 실험의 대가 프랑소와즈 콤브, 항성 종족 연구의 달인 폴 호즈, 은하의 화학 진화의 전설 버나드 파젤이 그 강사진이었으니, 이 이름을 듣고 흥분되지 않는 사람은 은하를 모르는 사람이다.

생전 처음 스페인에 들어갔다. 뉴욕을 떠난 비행기는 먼저 스페인의 수도 마드리드에 내렸다. 카나리 섬은 여기서도 두어 시간 더 비행기를 타고 가야하는 북서 아프리카 끝의 섬이다. 여섯 시간 정도 짬이 있기에 공항 버스 정류장으로 가서 시내로 가는 거냐고 많은 사람들에게 물었으나 영어를 하는 사람을 찾을 수 없었다. 운명에 맡기고 무작정 올라탄 버스는 다행히 마드리드 시내 중심을 관통했고 난 용케도 둘러보기에 적당한 곳에 내릴 수 있었다. 우와! 멋있고 고풍스러운 마드리드의 도시 경치에 감탄이 절로 나왔다.

폼 잡고 아침을 먹을 만한 카페에 들어갔다. 싱그러운 아침 공기가 카페의 커피 향기와 어우러져 가득하다. 나는 비행기에서 얼핏 숙지한 스페인어를 총동원해 크라상 하나와 우유를 넣은 커피를 시킨답시고 "크라상 에, 카페 에 레체 뽀르 파 보르!"라고 외쳤다. 그랬더니 시킨 빵은 잘 나왔는데 커피 한 잔과 우유 한 잔을 주는 것이 아닌가. 아하 '카페 꼰 레체 (우유를 넣은 커피)'라고 했어야 했는데 '우유와 커피'를 주문하고 말았군. 내 표정을 보더니 친절한 웨이터가 씩 웃더니 커피를 도로 가져가서 우유를 타 온다. 좋은 분이다. 나 같은 서툰 여행객 투성이겠지.

난 이 여행을 시작으로 지난 20년 동안 세계 어느 곳을 가든지 꼭 한국의 가족에게 엽서를 보낸다. 길을 청소하는 아주머니에게 "돈데

에스따 라 오피시나 데 코레오스?"라며 떠듬거리며 겨우 우체국의 위치를 물었더니, 친절한 이 아주머니, "아하. 꾼따라비아깐따라비아!" 도저히 인간의 입으론 따라할 수 없는 속력으로 답을 한다. 페드로 알모도바르 감독의 영화를 한번 본 사람이라면 내가 무슨 말을 하는지 알 것이다. 스페인 사람은 숨을 안 쉬고 말하는 재주를 타고 난다. 아. 겨우 말하는 것 따로, 알아듣는 것 따로구나, 어리둥절한 표정으로 그의 손가락을 따라 10여 분을 헤맨 끝에 우체국은 찾았는데 일요일이라 문을 닫았다. 헉.

2주 동안 열린 카나리 겨울 학교는 내게 잊을 수 없는 추억을 안겨주었다. 세계 각 처에서 온 8명의 강사진과 40여 명의 학생들이 모두 한 호텔에서 먹고 자고 강의 듣고 하니 자연히 우정이 싹트게 되었다. 매일 아침 9시에 시작한 강의는 점심 시간을 제외하곤 오후 6시까지 계속되었다. 모두들 중력에 의해 추락하는 눈꺼풀을 손으로 들고서 강의를 들었다. 스페인의 저녁 식사는 압권이다. 당시만 해도 스페인에선 저녁 식사는 10시에 시작했다. 그럼 그 전엔 뭐 하냐하면, 6시에 일을 마친 후엔 동료들과 타파스 바에서 간단한 주전부리와 음료수 하나로 서너 시간을 보낸다. 그리고 10시가 되면 천천히 저녁을 먹으러 일어난다. 그리고 저녁 식사는 보통 12시까지 이어진다. 무슨 이런 나라가 다 있나 싶다. 매우 아름다운 나라이고 사람들도 친절해 좋지만 이곳에 오래 살다간 배곯아서 죽겠다 싶었다. 하하. 최근 들리는 소문엔, 최소한 마드리드 같은 대도시에선 하도 관광객들이 많아서 그곳 문화가 많이 세계화(?)되었단다. 저녁 식사 시간이 많이 빨라졌단 이야기다.

강의마다 전문가의 실력이 고스란히 드러났다. 하지만 이 겨울 학교의 백미는 누가 뭐래도 가장 젊은 교수였던 사이먼 화이트였다. 노트북 컴퓨터가 극히 귀하던 당시, 강의는 주로 투명한 플라스틱 슬라이드 필름에 유성펜으로 써서 오버헤드프로젝터로 투영해 진행되었다. 각 교수가 8시간 분량의 강의를 준비해 왔는데 화이트 교수는 그의 강의 노트 슬라이드 필름을 통째로 비행기에 놓고 내린 것이다. 당황하는 기색을 잠시 보이더니, 8시간 강의를 그 자리에서 머릿속에서 끄집어내어 하기 시작했다. 즉흥성 때문에 아마도 여기저기 오류는 있었을지언정 모든 강의 중에 가장 활기차고 머리에 쏙쏙 들어왔다.

화이트는 강의의 마지막 한 시간을 완전히 새로운 이론에 할애했다. 이른바 '준해석적 은하 형성 이론(semi-analytic models of galaxy formation)'. 그는 겨울 학교에 그의 대학원 박사 과정 학생 기네비어 카우프만과 함께 왔는데 이 이론은 카우프만의 학위 연구 내용이었다. 요점을 말하자면 다음과 같다. 화이트는 이보다 훨씬 전 1978년에 그의 케임브리지 대학교 시절 지도 교수였던 마틴 리즈와 함께 '2단계 은하 형성 이론'을 발표했다. 이 전설적인 이론은, 은하가 두 단계에 걸쳐 형성된다는 것이다. 먼저, 우주에 존재하는 물질의 80퍼센트 이상을 차지하는 암흑 물질이 중력적으로 모여들어 거대한 중력장을 형성한다. 그 후에 원자로 구성된 보통물질인 바리온 입자들이 그 중력장 안으로 중력적으로 끌려들어 가게 되어 은하를 만들게 된다. 1978년 논문이 개념 소개를 했다면, 1993년 카우프만의 박사 학위 연구는 그 이론을 실제 은하 형성 이론 모형으로 만들어 보았다는 의미가 있다.

화이트 교수는 정말 입에 거품을 물고 카우프만의 연구 내용을 소개해 나갔다. 그 내용이 너무 파격적이었기 때문에 좌중은 계속 웅성

거림으로 받아들였고, 잠깐의 휴식 시간 동안 여러 학생들이 서로 뒤엉켜 왈가왈부했다. 나도 살짝 껴서 아는 체를 했지만 이제 와서 고백하자면 그냥 아는 체만 한 것이다.

마지막 송별회 저녁 식사에서 스페인 학생들은 징글벨 노래를 개사해 종강 기념 노래를 만들어 춤을 추며 불렀는데 가사가 "린덴벨 린덴벨 린덴올더웨이"라고 린델-벨 교수가 장악했다는 말로 시작하더니, 중간에 "질문이 나오면 석영이 다 대답한다네"라는 대목이 있어 모두를 웃게 만들었다. 학생인 내가 뭘 어쨌다고 그러는 건지, 정말! 2주간의 겨울 학교를 마친 후 아쉬운 마음으로 헤어졌다. 그 후 20년이 흘렀다. 나는 그때 알게 된 교수들 중 하나와는 논문도 여러 편을 같이 쓴 동료가 되었고, 학생들 중 여럿은 지금도 알고 지낸다. 지금은 그들 대부분이 세계 각지에서 교수나 연구원으로 활동하고 있다.

카우프만의 논문은 세계를 놀라게 한 1990년대 최고의 천문학 논문 중 하나로 손꼽힌다. 그의 준해석적 은하 형성 이론은 발표 초기엔 비상식적인 예측을 남발해 학계의 거친 반응을 불러 일으켰으나, 그 후로 20년 동안의 세공을 거쳐 오늘날엔 은하 형성을 가장 잘 설명하는 이론으로 자리매김했다. 그 초창기부터 발달 과정을 주목해 오던 나도 한국으로 귀국한 후부터는 같은 맥락의 연구를 시작했고 이젠 내 그룹의 주요 연구 주제가 되었으니, 카나리의 겨울 학교는 내게 특별한 일을 많이 한 셈이다.

1만 시간의 법칙:
은하 형성 이론

내 박사 학위는 은하의 분광학적 진화에 대한 것이었다. 말은 은하의 진화에 관한 연구라고 하지만 사실은 은하를 구성하는 별들의 진화를 상세히 연구하는 주제였다. 일명 종족 합성이라고 부른다. 하지만 박사 학위를 마친 지 16년이 된 오늘날엔 완전히 새로운 주제인 은하 형성 이론에 관해 연구하고 있다. 종족 합성과 은하 형성은 밀접한 관계가 있지만 자세한 연구 내용은 시작부터 끝까지 매우 상이하다. 의학으로 치면 내과와 외과가 다른 것 만큼 다르니, 완전히 박사 학위 하나를 새로 받는 것과 같거나 그보다 더 심한 변화라고 볼 수 있다.

이런 나에게 학생들이나, 심지어 이전의 나를 알던 동료 교수들이 언제부터 이 새로운 영역에 관심을 가졌냐고 종종 질문을 한다. 자세히 질문을 부연하진 않지만 학생들의 질문의 저의는 "와, 교수님, 교수님은 어떻게 이런 새 연구를 그렇게 쉽게(!) 시작하실 수 있으세요? 비결 좀 알려 주세요."인 것 같고, 동료 교수들의 경우엔 "네가 언제부터 이런 연구를 할 수 있게 되었니? 혹시 괜히 아는 척만 하는 것 아니야?"인 것처럼 들린다. 하하. 하지만 나도 나름대로 뿌리가 있다.

나는 앞선 글 「겨울 학교」에서 내가 어떻게 처음 준해석적 은하 형성 이론의 탄생 소식을 듣게 되었는지를 소개했다. 그때가 1993년이었다. 천체물리학에서 가장 복잡하고 비선형적인 연구 대상인 은하 형성을 이론적으로 밝힐 수 있다는 것이 내게는 큰 충격이었다. 종족 합성이 20세기 천문학의 예라면, 은하 형성은 21세기의 천문학이라고 생각해 내 마음을 설레게 하기에 충분했다. 하지만 당시 나는 종족 합성을 주제로 박사 학위 연구를 막 시작하던 터라 이 새로운 영역을 동시에 탐구할 능력은 없었고, 은하 형성은 늘 내 머리 한 구석에 휴화산으로 자리 잡을 수밖에 없었다.

박사 학위를 마친 후 나는 나사에 취직하게 되었다. 당시 내 박사 학위 연구는 그런대로 꽤 인정을 받은 터라, 나는 은하 진화에 관한 학회에 가면 그래도 꽤 괜찮은 대우를 받곤 했다. 그때부터 나는 매년 두세 차례 국제 학회에 참가해 왔는데 한 번 정도는 내 분야의 학회, 나머지는 내 분야가 아닌 '은하 형성' 학회였다. 은하 형성 학회를 참가하면, 나는 그 분야에서 잘 알려져 있지 않았으므로 겨우 참가 자격을 얻더라도 중요한 구두 발표 기회는 못 얻기가 일쑤였다. 나는 시쳇말로 '듣보잡'이었던 것이다. 내 위치에 있는 학자의 입장에서 발표 자격도 얻지 못한 학회에 참가하는 것이 자존심에 상처가 될 수 있었지만 애써

무심한 척하며 어슬렁거렸다. 지나고 생각해 보니, 자존심이 상하긴 했나 보다. 잘 알지 못하는 사람들과 어울리는 게 힘들어서 학회 만찬마다 자리를 피한 기억이 있으니. 그래도 어떡하겠는가? 소림사에서 새로운 무술을 배우려면 물동이 나르고, 장작 패고, 온갖 설움을 다 겪고 이겨야 한다니.

이렇게 무명힉지고 은하 형성 학회를 참가해 오길 어언 10여 년, 나는 모국으로 귀국했다. 내 학문적 꿈은 은하 형성 연구를 제대로 해 보는 것이었다. 천운이 내게 임했는지, 꿈 많고 기발한 학생들 여럿이 내 연구에 관심을 가졌다. 지금은 그들과 함께 마치 1만 조각 퍼즐을 맞추는 것같이 연구 생활을 하고 있다. 엄청 힘들지만 그만큼 재미있다.

어떻게 이 새로운 분야의 연구를 그렇게 "쉽게" 시작할 수 있었느냐는 질문에 이렇게 대답하고 싶다. 쉽지 않았다고. 김연아 선수나 박태환 선수를 부러워하는 후배 선수들은 그들의 성공적인 선수 생활이 얼마나 큰 노력의 결과인지 먼저 알아야 할 것이다. 혹시 김연아는 몸의 균형을 잡는 능력이 일반인보다 탁월한가, 혹시 박태환은 폐활량이 일반인의 10배인가 등등, 이런 것만 관심을 두면 요점을 놓치는 것이다. 설혹 그것이 사실이더라도, 그것만 가지고는 절대로 그들의 현재의 위치에 오를 수 없을 것이다. 뭐 내가 은하 형성을 연구하는 수준이 그들과 비교할 만하다는 말도 안 되는 이야기를 하는 것은 아니니 오해는 말자. 내가 하는 일을 정말 알고 있기나 한거냐는 질문엔 자신 있게 "그렇다."라고 답하겠지만. 은하 형성의 진실을 아는 것은 아니더라도 뭘 궁금해 해야 하는지 알고 있다고나 할까.

가끔 우리는 신데렐라 콤플렉스를 가진다. 나는 내 본성과 능력에 맞지 않게 부당하게 대우받고 있다고. 하지만 언젠가는 왕자님이 뿅 하고 나타나 내 인생을 바꿀 것이라고. 최소한, 그러면 좋겠다고. 하지만 그런 일은 드라마에서나 나온다. 내 인생에선 경험한 적 없고, 주위에서도 들어 본 적 없다. 오죽 희한한 일이었으면 동화에 다 나왔겠는가. 개구리가 왕자가 되고, 콩줄기를 타고 하늘에 오르는 이야기와 함께.

'1만 시간 법칙'이라는 것이 있다. 심리학자 다니엘 레비틴에 따르면, 누구든지 그 분야에서 전문가가 되기 위해선 1만 시간의 훈련의 세월이 필요하다는 것이다. 20세기 천재의 예로 자주 등장하는 비틀즈의 경우에도 독일 함부르크에서 무명의 밴드 생활로 1만 시간을 거쳤다는 이야기가 있다. 아인슈타인의 경우도, 박사 학위 후 수년 동안 대학교에서 직장을 못 찾고, 학자로선 매우 이례적으로 특허 사무소에서 일했다. 빅뱅 이론에 큰 수정 보완을 제공한 급팽창(inflation) 이론의 시효 알란 구스도 교수직을 찾지 못하고 9년 동안 박사 후 연구원으로 지내야 했다. 이게 어떤 기분인지 어떻게 비교할까? 종합 병원에서 9년 동안 인턴 생활을 한다면, 나 혼자 9년 동안 국방의 의무를 하고 있다면. 이제 감이 잡히는지.

더 극적인 예도 많이 있다. 오늘 고전 음악의 아버지라 불리는 요한 제바스찬 바흐의 경우, 그의 '고전적인' 음악이 당시엔 너무 파격적이라고 여겨져서 아무곳에서도 연주되지 못했다. 그의 곡들은 그가 죽은 지 50년이 지난 후에야 비로소 공공장소에서 연주되기 시작했다는 음악 평론을 읽은 적이 있다. 내가 제일 좋아하는 화가 빈센트 반 고흐도 살아 있는 동안엔 작품의 가치를 인정받지 못하고 가난과 무시 속에서 살았다고 한다. 바흐, 아인슈타인, 고흐가 1만 시간, 아니 10만 시간 이상을 어둠 속에서 견디며 자신을 갈고 닦아야 했다면, 나와 같은 평범한 사람은 얼마나 더 그럴까? 내가 오늘 내가 하고 싶은 일을 썩 잘 못하고 있는 것처럼 느끼더라도, 쉽게 절망하지 않는 것은 바로 이런 이유에서이다.

은하 형성을 연구하기 위해 16년을 무명으로 살면서 1만 2800시간(16년×200일/년×4시간/일)을 채운 셈이니 나도 이젠 물동이 내려놓고 무술을 배우기 시작해도 되지 않을까!

열역학적 평형과 아님 말고 현상

태양과 같은 일반적인 별의 경우 그 전체는 뜨거운 기체 플라즈마로 구성되어 있다. 이때 플라즈마라 함은, 입자들이 뜨거운 환경 속에서 대부분 이온화되어 있어서 원자핵과 전자들이 분리되어 하나의 유체를 만들어 움직인다는 뜻이다. 대부분의 다른 입자들도 그렇지만 이런 환경에서 플라즈마 입자들은 자기가 처한 환경의 온도에 해당하는 운동에너지를 가지고 움직인다. 더 뜨거운 환경일수록 입자들은 더 빨리 움직인다. 만일 어떤 계(system)가 주변 지역과 열적으로 평형을 이루어서, 특별히 팽창하거나 수축하지 않고, 시간과 공간적 변화에 대해 안정적인 환경을 유지한다면 그 계는 열역학적 평형 상태에 도달했다고 말한다.

열역학적 평형은 안정적인 계를 이룬 많은 천체에서 쉽게 찾을 수 있다. 대부분 기체로 이루어진 별들은 각각 그 자체로서 열역학적 평형을 유지하고 있다. 물론 일부 별들은 불안정해 크기와 밝기가 변하기도 하지만 대부분의 별들은 안정적이다. 은하 안에서 운행하고 있는 별들과 성간기체구름들도 대부분 운동이 안정적이어서 그 운동의 속력이 열역학적 평형에 대응하는 역학적 정의인 '비리얼 평형'으로 잘 기술할 수 있다. 더 큰 스케일로는, 수천 개의 은하를 품고 있는 거대한 은하단들도 대부분 역학적 평형을 이루고 있다. 우리 은하에서 가장 가까운 은하단 중 하나인 처녀자리 은하단(Virgo Cluster)의 경우, 총질량이 태양 질량의 400조 배 정도인데, 그 질량에 해당하는 열역학적 평형 비리얼 온도는 약 1억 도이며, 그에 따른 각 은하들의 공간 속력은 평균적으로 초속 700킬로미터 정도이다. 오늘날 우주에선, 역학적으로 평형을 이루며 유지되고 있는 가장 큰 천체는 은하단이다. 그보다 큰, 예를 들어 우주 거대 구조의 일부인 거대가락(filaments)이나 보이드(void)는 아직 평형을 이루지 못해 지역에 따라 수축하거나 팽창하고 있다. 그렇게 어마어마한 것을 당신이 어떻게 그렇게 잘 알아, 누가 묻는 게 다 들린다. 하지만 이런 내용들은 이미 천문학자들이 지난 50년 동안 누적된 관측과 이론 연구를 통해 확실히 이해하고 있는 바이다.

나이가 매우 어리던 '초기 우주'는 전체가 하나의 열역학적 평형을 이루고 있었다고 이해된다. 예를 들어 우주의 나이 38만 년이었을 때 우주 온도는 전체적으로 3000도 정도였고 플라즈마 입자들은 그 온도에 해당하는 움직임을 보이고 있었다. 그런데 현재 우주를 가장 잘 기술하고 있다고 여겨지는 빅뱅 이론에 따르면 38만 년 된 어린 우주의 성질 중 이해할 수 없는 것이 하나 있다. 이른바 '지평의 문제'이다.

열역학적 평형을 이룬다는 것은 정보를 충분히 빠른 시간 내에 공유한다고 볼 수도 있다. 예를 들어 쌀쌀한 아침에 보일러를 가동하면 보일러는 금방 달아오르지만 거기서 만들어진 뜨거운 물이 각 방을 돌아다니며 모든 방을 같은 온도로 데우기엔 시간이 많이 걸린다. 먼저 덥혀진 보일러실은 벌써 30도인데 그와 인접한 부엌은 20도이고, 멀리 떨어진 베란다는 15도이다. 이런 상황에선 보일러실의 더운 공기가 덜 더운 곳으로 팽창하며 흐른다. 계가 안정적이지 못한 것이다. 한 시간쯤 지났을까. 결국 집 안이 거의 같은 온도가 된다. 더 이상 공기가 흐를 이유가 없다. 열역학적 평형에 이른 것이다.

열역학적 평형에 걸리는 시간은 결국 뜨거운 물이나 뜨거운 공기의 흐름 속력에 의해 결정된다. '열'이라는 정보가 전달되기 위해선 시간이 필요하기 때문이다. 초기 우주는 워낙 뜨거웠기 때문에 대부분의 입자들이 엄청난 속력으로 움직였다. 빛 입자들은 물론 빛의 속력으로 움직였고, 원자핵과 같은 무거운 물질 입자들도 3000도 이상의 열에너지에 대응하는 빠른 속력으로 움직였다. 정보의 전달이 빨랐던 것이다. 38만 년 된 초기 우주에서 열역학적 평형을 이룰 수 있는 최대한계의 크기, 즉 지평(horizon)은, 입자들이 아무리 빨라도 빛의 속력을 능가할 수는 없으므로, 38만 광년이다. 대략 지름 38만 광년 정도의 공 모양의 부피 내에선 우주의 나이 내에서 정보 공유가 가능하다는 말이다. 그런데 바로 여기에 '지평의 문제'가 드러난다.

지름 38만 광년의 초기 우주의 지평을 오늘날 바라보면 하늘에서의 그 크기는 단지 1도 정도밖에 안 된다. 천구의 한 바퀴를 뺑 둘러서

360도라고 하면, 그의 360분의 1정도 되는 작은 크기의 하늘 안에서만 열역학적 평형이 기대되는 것이다. 그런데 38만 년 된 초기 우주에서 발생한 우주 배경 복사를 보면 1도 크기의 하늘뿐 아니라 360도 전 하늘이 같은 온도를 제시한다. 보일러의 비유를 사용하자면, 아침에 보일러를 켰는데 1초 만에 우리 집 전체가 따뜻해진 것뿐 아니라, 우리 아파트 건물 전체가 따뜻해진 것과 같다. 정보 보존의 법칙(질량 보존의 법칙은 결국 정보 보존의 법칙의 단면이다.)과 상대론의 광속일정의 법칙에 대한 반란이다. 이 '지평의 문제'는 오랫동안 우주론가들에게 골칫거리였다. 1980년에 알란 구스가 급팽창 이론을 제시한 후 비로소 지평의 문제가 (해결되었다기보다는) 이해될 수 있었다. 급팽창은 또 다른 얘깃거리이니 나중으로 미루자.

사람이 사는 사회에도 열역학적 평형과 비슷한 개념이 있다. 공감이다. 어떤 새로운 가치 개념이 사회에 소개되고, 받아들여지고, 의미 있는 결과를 창출하기까지는 시간이 걸린다. 우주에선 매개체가 빛이거나 유체의 움직임이고, 사회에선 일의 종류에 따라 소문, 미디어, 인터넷, 공청회, 실제 사람들 간의 공동 협력 등이 그 역할을 한다. 많은 사람들이 어떤 추상적인 개념에 대해 같은 시각을 갖기 위해선 오랜 시간이 걸린다. 상대론이라는 용어는 20세기 초반에 물리학자들의 입에 주로 회자되던 것이지만 한 세기가 지난 요즘 들어는 많은 사람들이 그 포괄적인 개념을 얼추 인지해 생활용어로 자리 잡고 있다. 2500여 년 전 그리스에서 출발한 민주주의가 영국에서 근대적인 모습으로 탈바꿈하고 오늘의 형태를 갖기까진 실로 기록 시대의 절반이 필요했다.

더 크고 중요한 개념일수록, 더 많은 사람에게 영향을 미칠수록, 공감대가 형성되는 데 오랜 시간이 걸린다. 우리 동네 공터에 재활용 수거함을 놓자는 의견에 대해선 그리 오래 왈가왈부할 필요가 없다. 긍정적인 공감대이건 부정적인 공감대이건 결판을 보기가 쉽다는 이야기다. 하지만 어느 지역을 수몰시키면서 댐을 건설할 것인가, 전국의 강변을 한꺼번에 (최소한 우리는) 처음 해 보는 방법으로 '정리정돈'할 것인가, 인류를 위한다는 명목 하에 브라질에게 아마존의 나무를 베어 사용하지 못하도록 할 것인가, 등의 질문들은 질문이 끼치는 영향권의 크기에 비례해서 점점 더 어렵고 복잡해 결국 결정을 내리고 '받아들여야 할' 사람들 간에 공감대를 형성하기엔 더 긴 시간이 필요하다.

공감대가 형성되지 않은 채 일을 진행하는 것을 일부 사람들은 결단력이 있다고 말 하지만 늘 계의 안정을 생각하는 과학자에겐 사회에 쇼크를 일으키는 주요 원인으로 보인다. 과학자인 내가 본 우리나라는 '결단력 있는' 나라다. 내가 본 현상들을 요약하는 표현이 있는데 '아님 말고'이다. 뉴스에선 가끔 도저히 말도 안 되는 정부 결정이 발표된다. 보나마나 시민들과 입 가진 지식인들에게 몰매를 맞는다. 그리고 바로 다음날 정부 대변인은 말하길 "어제 보도는 사실무근이고 일부 완성되지 않은 의견이 잘못된 루트를 통해 언론가에 흘러들어간 것"이란다. 왠지 살짝 먼저 흘려보고 어떤지 반응을 본 후, 별 말 없으면 슬쩍 지나가고, 반대가 심하면 "아님 말고."라고 하는 것같이 느껴진다.

한동안 서울시 초등학생 급식을 무료로 해야 하나 말아야 하나 옥신각신했다. 집권당은 1만 가지 이유를 들어 반대하고, 또 야당은 다른 1만 가지 이유를 들어 찬성하고. 태풍과 같은 서울 시민의 투표가 찬성을 한 후, 여당과 야당은 각각 자신들의 승리라고 외친다. 나는 정말 어리둥절하다. 그런 얼마 후, 혈서를 쓸 것처럼 반대하던 여당 정치인들이 전체 영유아들에게 교육비를 지원하겠다고 결정한다. 도대체 논리가 어떻게 흐르는 것이며, 의견의 정립, 타진, 조율의 과정이 있기나 한 건지, 있다면 왜 이렇게 빠른 건지, 난 불안하다. 아니나 다를까, 1년도 채 안 되어, 영유아 보조는 없던 걸로 하잔다. 해 보니 재원이 없는지. 아님 말고의 전형적인 예이다

백년대계라는 교육도 아님 말고 현상에서 자유롭지 못하다. 모두 자신의 자녀가 훌륭하게 되길 바란다면서 일부 부모는 자녀의 인성보다는 성적에 더 관심이 많다. 이런 어린 학생들이 '성공해' 대학에 들어와 일부는 착실하게 공부하지만 또 다른 일부는 과제물 숙제 낼 때 인터넷에서 답을 돈 주고 사오거나 다른 학생들의 것을 베껴 오면서 큰 죄책감은 없다. 과제를 베껴 온 것을 걸리면, 내가 몸담았던 미국과 영국의 대학의 경우, 학생 재판을 받고 불명예 자퇴를 하게 된다. 우리나라의 경우엔, 교수 앞에서 일시적으로 혼나고 끝인 경우가 대부분이고, 용기 있는 교수를 만나면 F학점 처리당하는 것이 고작이다. 어떤 학생들은 고개를 못 들고 진심으로 미안해 하지만 또 다른 학생은 "나만 그런 게 아녜요."라고 말하는데 마음속으로 하는 말은 "에이씨, 아님 말구. 재수 없이 들켰네."라는 투다. 그럴 땐, 속이 많이 상하다가도 어쩐지 "니네 어른들은 만날 더한 나쁜 짓도 보란 듯이 해 대잖아."라고 말하는 것 같아 발이 저려진다.

사회가 공감대를 포기하면 자녀들도 부모 세대와 공감대를 형성하길 포기하기 쉽다. 정치인들이 국민들과의 공감대를 포기하면 나라는 양분되고 만다. 지금 논리대로라면, 한쪽이 절대적으로 맞다면 다른

한쪽은 정말 나쁜 놈들이거나 천치라는 말인데, 그게 말이 되나. 세계적으로 공감대가 형성 안 되면 브라질과 같은 개발 도상국들은 개발의 속도를 낮출 충분한 이유를 찾기 힘들다. 유럽의 어느 나라처럼, 나라의 경제가 무너져 내리는 경우 서민들에게 연금 혜택을 줄인다고 말하고 받아들이길 바란다면 그들이 공감할 뭔가의 토큰 제스처(token gesture)가 필요하다. 예를 들어 그 나라의 가장 부자들이 먼저 상당 부분 그들의 재산을 사회에 환원한다든지, 세제를 개혁한다든지. 가난한 사람들보다 내가 더 열심히 일했으니, 내가 땀 흘려 번 것을 게으른 사람에게 나누어 줄 수 없다고 버티는 것은 사태에 대한 공감대 형성과 해결에 도움이 안 된다. 과학적으로 보면, 결국은 쇼크이고 파국이다.

코페르니쿠스 원리

사람이 자기 중심적으로 사고하고 행동한다는 것은 역사와 일상을 통해 자명하다. 특히 과학이 잘 정립되지 않았던 과거엔 더욱 그랬다. 인류는 달이 태양을 가리는 일식 현상이 나타나면 하늘이 우리에게 노했다고 생각했고, 큰 유성이 떨어지는 것을 위대한 인물이 세상을 뜨는 것으로 해석하곤 했다. 자신이 속한 나라가 세상의 중심이라고 믿은 어떤 사람들은 나라 이름을 그렇게 지었고, 오늘날도 번번이 세계 무대에서 1등을 놓치는 미국의 프로 야구 리그는 최종 결승전을 월드 시리즈라고 부른다.

고대 과학자들은 지구가 우주의 중심이라고 믿었다. 하늘의 별들은 '천구'라는 하늘 면에 붙어 있는 천체라고 믿었고, 태양과 행성은 지구를 중심으로 공전한다고 믿었다. 지구는 우주의 중심에 정지해 있고 하늘이 지구를 중심으로 움직인다는 이 견해를 천동설이라고 부른다. 그런데 15세기 오늘날의 폴란드 땅에 태어난 천문학자 코페르니쿠스는 이 견해를 뒤집었다. 행성의 움직임을 정밀하게 관찰한 그는 행성들이 지구가 아닌 태양을 돌고, 지구 또한 그렇다는 것을 발견했다. 죽기 직전 1543년에 발간한 『천구의 회전에 관해』는 지동설과 현대 과학의 시초로 여겨진다. 인간의 속성을 따라 관찰자인 나를 우주의 중심에 놓고 세상을 바라보는 한, 올바른 시각을 가질 수 없다는 그의 견해를, 오늘날 '코페르니쿠스 원리'라고 부른다.

지동설은 그 후 100여 년에 걸쳐 독일의 케플러와 이태리의 갈릴레오의 관측에 의해 재확인되었다. 하지만 꽤 오랫동안 종교 지도자들과 대중에 의해 받아들여지지 않았다. 1633년에 로마 교황청은 갈릴레오에게 더 이상 지동설을 가르치지 못하도록 강요했는데 갈릴레오가 그 명령에 굴복하면서도 "그래도 지구는 도는데 …….”라고 몰래 말했다는 전설(사실 여부는 불투명하다.)은 유명하다.

지구가 아닌 태양이 이 모든 행성의 운동의 중심이라고 알게 된 인류는 어떻게 반응했을까? 그동안의 아집을 반성하며 열린 마음으로 새롭게 자연을 바라보았을까? 안타깝게도, 아니다. 일단 지구가 태양을 도는 것을 인정한 인류는 이제 태양이 우주의 중심에 있다고 믿었고, 이런 생각이 다시 200여 년을 지배했다. 지구가 우주의 중심은 아니더라도 최소한 우주의 중심에 있는 태양을 돈다고 믿어야 안심이 되었나보다. 한술 더 떠서, 많은 사람들이 우리 태양이 속해 있는 것으로 보이는 우리 은하가 우주 그 자체라고 믿었다. 즉 우리 은하는 광활한 우주 그 자체이며, 우리 태양은 그 중심에 있다는 것이다.

1920년대에 들어와 이러한 믿음이 무너졌다. 먼저, 미국의 천문학자 섀플리는 태양이 우리 은하 중심에서 수만 광년 떨어진 변두리에 있는 것을 발견했다. 그리고 곧 20세기의 위대한 관측천문학자 허블은 우리 은하 밖에 수많은 다른 은하가 있는 것을 발견한 것이다.

우리 지구는 더 이상 우주의 중심이 아니다. 지구와 다른 일곱 행성의 호위를 받는 우리 동네 '짱'인 태양은 우리 은하 지도의 끝자락에 위치한 지극히 평범한 별이다. 우리 태양을 비롯해 1000억여 개의 별과 그보다 훨씬 많은 행성을 거느리고 있는 우리 은하는 '보이는 우주' 내에 있는 수천억 개의 은하 중 그리 특별할 것 없는 은하 하나에 불과하다. 그리고 '보이는 우주'는 실제 우주에 비하면 비교할 수 없으리만치 작다는 것이 현대우주론적 이해이다.

우주의 중심에 관한 한, 인류는 여러 차례 코페르니쿠스 원리를 경험 혹은 범했다. 우주의 중심에 지구를 놓음으로써 한 번, 태양을 놓음으로써 한 번, 우리 은하를 놓음으로써 또 한 번. 물론 누군가 나타나, "그래 그것 봐라. 지구가 태양계와 우리 은하의 중심은 아닐지라도 수천억 개의 은하를 품는 광활한 우주의 중심이 아니라고 누가 단언할 수 있나."라고 하면 또 다시 지구를 우주의 중심에 놓게 되는 것이다. 천문학자들이 이런 '재미있는' 견해를 다시 듣게 되면 지난 500년 동안의 과학적 진보가 물거품이 되는 것같이 느낀다. 하지만 신기하게도 전혀 새로운 종류의, 그러나 매우 강력한 반증이 발견되었다.

빅뱅 우주론에 따르면, 우주 나이 38만 년, 젊고 작은 초기 우주가 빛을 우주에 발산했다. 이 빛이 현재 온 우주에 가득 차 있는데 워낙 낮은 온도의 빛이라 눈으로는 감지되지 않고 오로지 전파 영역에서만 관측이 된다. 1940년대에 이론적으로 예측된 이 빛은 1960년대부터 꾸준히 관측되어 1978년과 2006년 두 번에 걸쳐 노벨 물리학상의 대상이 되었다. '우주 배경 복사'라고 불리는 이 빛은 오늘날 지구의 위치에서 관측하면 우주의 어느 방향을 보나 거의 비슷하게 관측된다. 그런데 하늘을 둘로 나누면, 우주 배경 복사가 한쪽 방향에서 미세하게 (0.1 퍼센트 정도) 더 뜨겁게 나타난다. 이는 지구가 이쪽 방향으로 치우쳐 약 초속 627킬로미터 속도로 움직이기 때문이다. 놀랍지 않은가! 태양계 내에서 지구의 위치, 우리 은하 내에서 태양의 위치, 주변 우주에서 우리 은하의 위치를 알아낸 것도 신기한 일인데, 우린 이제 반지름 400억 광년 크기의 '보이는 우주' 내에서 지구가 어떤 방향으로 치우쳐 움직이고 있는지를 알게 된 것이다. 믿거나 말거나, 이런 일이 가능하다.

천문학자들은 코페르니쿠스 원리로부터 자유롭기를 갈망한다. 내가 보는 우주가 혹시 나의 처한 위치 때문에 정확히 보이지 않는 것은 아닐까 염려하며, 북반구에서도 남반구에서도, 가까운 우주와 먼 우주를 관측하고 또 관측한다. 지금까지 관측된 결과에 따르면 우리 은하나 태양이 그리 특별해 보이지는 않는다. 이제 코페르니쿠스 원리에 가장 직접적으로 관련된 남아 있는 질문은 "우주에 지성체는 우리뿐인가?(Are we alone?)"인 것으로 보인다. 이 이야기를 하자면 몇 시간이 더 필요하다.

우리뿐인가?

이 광활한 우주에 우리 인류가 유일한 지적 생명체인가? 수많은 현인들이 지적 도전으로 삼은 이 질문에 쉽게 대답할 수 있는 사람은 없다. 많은 사람들이 조금씩 알고 있는 지식을 바탕으로 소설을 써내려 가지만 그 학술적 가치는 희박하기가 일쑤이고, 진위를 가리는 것은 현재로선 불가능하다. 천문학자인 나의 견해를 묻는 사람이 많으므로, 오늘은 천문학자 이석영의 편협한 시각을 소개하고자 한다.

영화를 좋아하는 나는 오늘도 영화로 시작하고 싶다. 로버트 저메키스 감독의 「콘택트」에 나오는 한 장면이다. 어린 주인공 엘리 에로웨이가 사랑스럽게 질문한다. "아빠. 지구 말고 다른 행성에 외계인이 있을까요?" 아빠가 답하길 "글쎄다 잘은 모르겠지만 이 우주에 우리뿐이라면, 엄청난 공간의 낭비 아니겠니?" 어린이에게서 나올 수 있는 재미있는 질문에, 어른에게서 나올 수 있는 멋진 답이다. 이 영화가 배경으로 삼은 소설『콘택트』의 저자 고 칼 세이건 교수는 최소한 외계인이 있을 거라고 생각한 듯하다. 그럼 과학자들은 일반적으로 어떻게 생각할까?

이런 엄청난 질문을 나 같은 사람도 매일 받는데 외계 지성체에 대해 연구를 하는 사람들은 더 말할 나위도 없다. 그 중심에 서 있던 사람이 외계 지성체 연구의 시효, 프랭크 드레이크 교수(캘리포니아 주립 대학교 산타크루즈 캠퍼스)였다. 그는 우리 은하 내에 우리와 같이 서로 교신 가능한 지성 문명이 몇 개(N)나 존재할 수 있을까를 산출하기 위해 다음과 같은 간단한 방정식을 고안했다. 이른바 드레이크 방정식.

$$N=R\times f_p\times n_e\times f_l\times f_i\times f_c\times L$$

우선 우리 은하 내에 얼마나 많은 문명이 있을지는 얼마나 많은 별과 그에 속한 행성이 있는가가 중요하다. 따라서 가장 먼저 나오는 요소가 별생성율(R: star formation rate)이다. 지난 수십억 년 동안 우리 은하에선 대략 1년에 하나 꼴로 별이 태어났다. 그러니 R=1이다. 은하 역사의 어느 시점을 보는가에 따라 실제값은 0.5과 2 사이에 있다고 예측된다.

그다음은 "별들은 모두 행성을 가질까?(f_p: fraction of stars with planets)"이다. 그렇다면 $f_p=1$, 전혀 행성을 가질 수 없다면 $f_p=0$이다. 태양처럼 주위에 다른 별이 없는 경우엔 행성을 가질 수 있지만 짝별로 태어나는 별들은 그들보다 질량이 형편없이 작은 행성을 오랫동안 간직할 수가 없다. 우주에 태어나는 별들은 대략 절반 정도가 낱별로 태어나니, $f_p = 0.5$ 정도가 적당한 예측이다. 실제 값은 아마도 0.3과 0.7 사이 있을 것이다.

그다음은 "별이 행성을 가진다면 생명 탄생에 적합한 행성을 몇 개나 가질까?(n_e)"이다. 우리 태양계를 예로 들자면, 여덟 행성(수금지화목토천해)이 있고, 그중 생명체가 탄생한 행성은 하나(지구)이다. 화성에서 과거에 생명체가 있었을 것이라는 생각을 하는 과학자들이 있지만 아직 그 증거는 뚜렷하지 않다. 화성을 배제하면 $n_e = 1$이고 화성도 포함한다면 2가 될 것이다.

다음 질문은 "적당한 크기의 행성이 있다면 거기에서 생명체가 발현할 확률은 얼마일까?(f_l: fraction of planets with life)"이다. 늘 생명체가 나온다면 1, 절대로 못 나온다면 0이다. 만일 우리 지구의 경우 하나만 놓고 생각한다면, $f_l = 1$이라고 할 수 있다. 하지만 그럼 왜 화성은 지구와 비슷한 조건을 가지고 있는데 생명체를 가지고 있지 않을까? 이렇게 생각하면 둘 중 하나, 즉 $f_l = 0.5$가 된다. 지구가 극히 드문 경우이고, 생명체가 발현하는 것이 거의 불가능한 일이라고 가정한다면 0이 될 것이다.

그다음 요소는 "행성에 생명체가 시작하면 늘 지적 생명체로 진화하는가?(f_i: fraction of intelligent life)"이다. 우주에 비해 지구는 매우 다양한 생명체군을 확보한 생물권(biosphere)이지만 실제로 지구상에 존재하는 아미노산의 수에 비해, 생명체가 없는 성간 기체에서 훨씬 더 많은 수의 아미노산이 발견된다는 연구 결과를 접한 적이 있다. 그러니,

생명의 기초 단위가 우주 이곳저곳에 존재한다고 해서 꼭 지적으로 발달할 것이라고 예측할 수는 없는 것이다. 우리 태양계와 지구의 관계를 보자면, 만일 태양이 지금 질량에서 조금만 달랐더라면 지구에 문명이 존재하는 것은 불가능했다. 생태학자들은 지구에 문명이 있기 위해선 수십억 년의 발달 과정이 필요했다고 말하곤 한다. 태양을 1이라고 할 때, 별은 태어날 때 그 질량이 0.007부터 120까지일 수 있다. 하지만 태양 질량의 2배 정도만 되면 별의 수명이 10억 년보다 짧아져서, 그 주위를 도는 행성에게 충분히 오랫동안 고른 빛을 제공할 수가 없다. 반면에 별의 질량이 0.9보다 작으면, 표면 온도가 너무 낮아서 그가 가지는 행성에서 오랫동안 문명이 발달하기 어렵다. 즉 극히 일부의 별들만이 지적 생명체 발달에 적합한 조건을 갖고 태어나는 것이다.

또한 만일 지구가 지금과 달리 많이 찌그러진 타원 궤도를 따라 태양을 공전한다면, 태양에 대한 위치에 따라 지구 대기권의 온도가 크게 변화해 생명체 발달에 어려움을 초래한다. 또한 잘 알려진 대로 지구는 태양 주위를 도는 궤도면에 대해 23.5도 기울어 있다. 그런데 그렇지 않았다면 어떻게 될까? 지구가 그냥 예쁘게 궤도면에 직각으로 놓인 채 자전하면서 공전한다면? 그러면 남극과 북극에 가까운 지역은 늘 겨울이라 영하 50도 정도가 될 것이고, 적도 위아래 지역은 늘 여름이라 50도 이상이 될 것이다. 지구에서 4계절은 불가능하고 생명체가 살 만한 동네는 매우 작은 부분에 지나지 않을 것이다. 한국의 위치는 꽤 괜찮지만.

얼마 전 지구와 닮은 외계 행성이 발견되었다는 소식을 접했는데 알고 보니 그 행성은 자전을 안 한단다. 그러면 어떻게 될까? 행성의 한쪽은 늘 별빛을 받아 뜨겁고 다른 한쪽은 춥다. 한쪽은 영상 100도 다른 한쪽은 영하 100도 뭐 이렇다는 이야기다. 그러니 한 행성에서 생명체가 탄생하고 그 생명체가 오랜 세월을 통해 지적 생명체로서 문명을 발달시키는 데에는 너무나 많고 복잡한 과정과 조건이 만족되어야 하는 것이다.

따라서 이런 모든 것을 다 고려해 결정해야 하는 f_i는 매우 불확실하다. 완벽한 0이라면 지구의 인류도 존재할 수 없으므로 0보다는 커야겠지만 그리 많이 크진 않을 것이란 예측이 가능하다. 과학자인 내가 하나의 값을 무조건 적어 내야 한다면, 흠, 0.000001 정도? 하지만 어떤 과학자들은 나보다 훨씬 더 낙관적이라 1을 적어 넣기도 한다.

다음 고려 요소는 "그럼 지적인 생명체는 모두 우리와 교신을 할 만한 기술을 가질까?(f_c: fraction of communicating civilizations)"이다. 우리 인류는 지적 생명체로 수만 년을 살아왔지만 외계 생명체와 교신을 할 수 있게 된 것은 이제 겨우 60년 정도 되었다. 그러니, 지적 생명체가 있다고 무조건 외계와 교신할 수 있으리란 기대는 금물이다. 지구의 경우를 대충 빌리자면 6000년 역사 시대 중 60년 동안 교신 가능하니, $f_c = 0.01$이라고 어림짐작할 수 있겠다.

맨 마지막 항목이 조금 엽기적이다. "그럼 교신 가능할 만큼 발달한 지적 생명체가 얼마나 오래 존속될 수 있을까?(L: year)" 믿거나 말거나, 과학자들은 현재 수준의 지구 문명이 약 1000년에서 길면 1만 년 정도 지속할 것이라고 생각한다. 지구 문명의 종말을 가져올 가능성들은 다양한데, 그건 또 다른 글거리이다.

그럼 가장 낙관적인 값을 드레이크 방정식에 대입해 보자.

$$N(\text{낙관적}) = R \times f_p \times n_e \times f_l \times f_i \times f_c \times L$$

$$= 1 \times 0.5 \times 2 \times 0.5 \times 1 \times 0.01 \times 10{,}000 = 50$$

반면에 내가 더 그럴싸하다고 생각하는 값을 사용하면 이렇게 된다.

$$N(\text{이석영}) = 1 \times 0.5 \times 1 \times 1 \times 0.000001 \times 0.01 \times 10{,}000 = 0.00005$$

낙관적 결과에 따르면 우리 은하 내에 우리와 비슷한 수준의 외계 문명이 50개 정도 있고, 내가 선호하는 결과에 따르면, 우리가 존재하는 것 자체도 신기한 일이다.

낙관적 결과를 가정해 보자. 우리 은하의 별은 대부분 원반에 존재하는데 그러면 우리 은하 원반의 부피는 대략 1조 세제곱 광년(1×10^{12} 광년^3)이다. 50개의 외계 문명이 이 부피 안에 고르게 분포한다면 밀도는 어림 계산으로,

$$\text{밀도} = \frac{\text{문명의 개수}}{\text{은하의 부피}} = \frac{50}{1 \times 10^{12}\text{광년}^3} = \frac{50}{(1\text{만 광년})^3}$$

이 된다. 즉 우리와 비슷한 외계 문명이 있을 확률이 주변 1만 광년 내에 50개밖에 없다는 것이다. 1만 광년이란, 빛의 속도로 1만 년이 걸린다는 거리이니, 실로 어마어마한 거리이다. 지구를 중심으로 반지름이 1만 광년인 구를 우주에 그려 보자. 이 안엔 100억 개 이상의 별이 있다. 지극히 낙관적으로, 그중 어느 한 별에 외계 문명이 있다고 가정해 보자. 그게 100억 개의 별 중 어느 것일까? 또 그 별의 어느 행성일까?

지극히 낙관적인 가정을 사용하더라도, 우린 반지름 1만 광년 우주 내에 겨우 50개의 외계 문명을 기대한다. 그런데 그들이 어디에 있는지 알 수가 없다. 안다고 한들, 이 거리에 빛을 쏘아 우리의 존재를 알리기엔 기술이 턱없이 부족하다. 설혹 우리의 후손이 외계 문명에게 연락을 하는 데 성공하더라도, 그 소식이 거기에까지 전달되는 데 1만 년, 다시 답장을 받는 데 1만 년이 걸린다. 이쯤 되면 외계 문명이 존재하더라도 우리 문명과 교류할 확률은 거의 없다고 보는 것이 현실적이다.

그러면 외계인을 찾고자 하는 인류의 노력은 헛것일까? 외계인 탐색 연구의 선도자, 주세페 코코니와 필립 모리슨의 전설적인 1959년 논문에 따르면 "이 탐색의 성공 확률을 가늠하기는 어렵다. 하지만 시도하지 않는다면 그 확률은 0이다." 멋진 말 아닌가. 하지만 시도하지 않더라도 그 확률이 꼭 0이 아닐 수 있다. 위와 같은 계산 끝에, 나를 포함한 많은 과학자들은 우리가 주체가 되어 외계 문명을 찾는 것은 거의 불가능하다고 생각하게 되었다. 하지만 이 논리가 외계 문명체가 우리를 찾을 확률을 배제하진 않는다. 만일 외계 문명이 우리보다 더 과학 기술이 발달되어서 우리를 용케 찾아낸다면 외계인과의 교신이 가능할 것이다.

만일 그런 외계 문명이 엄청나게 진보해 거의 빛의 속도로 나는 비행체를 가지고 있다고 가정해 보자. 아인슈타인의 상대론이 옳다면, 빛의 속도에 가깝게 운행하는 비행체 안에선 시간이 더디 흐르게 된다. 따라서 1만 광년의 거리가, 밖에서 보는 우리에겐 빛의 속도로 만 년이 걸리는 거리이지만 그 비행체 안에 있는 외계인은 실제로는 (예를 들어) 1년 만에 그 여행을 할 수 있는 것이다. 같은 거리를 짧은 시간 동안 여러 번 왕복할 수 있는 그런 외계 문명이 있다면, 거리나 시간은 더 이상 큰 제약이 아니다. 물론 이런 기술을 가진 외계인이 우리 지구에 온다면 그에 맞서 싸울 의미는 전혀 없다. 바로 이런 이유로 공상 과학 영화에 등장하는 외계인은 늘 우리보다 여러 수 위인 것이다. 물론 할리우드 영화에선 미국의 대통령이 갑자기 전투기를 조종해 적을 물리치지만. 하하.

이런 시각을 가진 일부 과학자들은 외계 문명이 우리를 발견할 것이라는 기대를 하곤 한다. 재미있는 시각이다. 더욱이, 태양은 우리 은하 내에서 상대적으로 젊은 별 아닌가? 그러니 태양 탄생 이전에 시작한 문명이라면 얼마든지 발달해 시공을 거스르며 운항하는 기술을 습득할 시간을 가졌을 수 있지 않을까? 그런데 이런 견해에 의미 있는 도전을 한 사람이 있다. 20세기 중반에 이름을 떨친 물리학자 엔리코 페르미가 바로 그이다. 그는 만일 그런 일이 가능하다면, 선진 문명에겐 시간과 공간이 제약이 안 되므로, 이미 우리 지구는 그런 문명에 의해 잦은 방문이나 공격을 받았어야 하며 심지어 식민지화되어 있어야 한다는 것이다. 그의 마지막 질문 "그렇다면 그들은 다 어디 갔나?(Where is everybody?)"가 결국 그의 생각을 요약한다. 지구에 외계인이 넘쳐나고 있지 않은 것을 보면, 그런 기술의 발달이 영영 불가능하든지, 접근 가능한 우주 (우리 은하?) 내에 외계 문명은 없다는 것이다.

앞서 언급한 세 개의 의견이 내게 의미 깊게 다가왔다.

세이건: 만일 우리뿐이라면 우주는 엄청난 공간 낭비다.

코코니와 모리슨: 찾으려고 시도하지 않으면 발견할 확률은 영이다.

페르미: 그들은 다 어디 갔나?

과학자들은 각기 좋아하는 논리 흐름이 있다. 내 생각은 이렇다. 외계인이 지구에 넘쳐나고 있지 않은 것을 보면, 어떤 문명이건 빛의 속도로 움직이며 우주의 시간과 공간 제약을 코웃음 치는 것은 불가능한 것 같다(물론 베리 소넨펠드 감독의 영화 「맨인블랙」을 보거나, 주위의 직장 상사나 정치인 중 몇은 지구인이기보다 외계인이라면 더 이해하기 쉬운 사람들이 있긴 하다.) 그렇다면 우리 우주 안에서 외계인이 서로 연락을 하는 것은 어려워 보인다. 우리 입장에서 결론적인 효과만 보자면, 이런 우주엔 우리뿐이든지 외계 문명이 있든지 다를 것이 없다. 우리는 다른 문명의 존재에 대해 열린 가능성을 가지고 살지만 마치 우리뿐인 것처럼 살면 된다.

그러면 우리 말고 외계 문명이 있는 것이 우리의 존재 가치를 작게 만들까? 나는 전혀 그렇지 않다고 본다. 우리가 죽을 뻔한 고비에서 기적같이 살아남았다면 얼마나 기쁠까? 그런데 알고 보니, 그날 그렇게 기적같이 죽음에서 건져진 사람이 다른 나라에 한 명 더 있다면 그게 우리의 기쁨을 반감시키는가? 결코 그렇지 않다. 또한 우주론적으로 말하자면, 우주에 우리뿐이든지 아니든지, 하나의 문명을 만들기 위해서는 전 우주가 다 필요했다. 우리 은하 내에, 우리 태양계 내에, 지구 안에 문명이 존재하기 위해, 우주는 태양계만 만들거나 우리 은하만 만들거나 할 수가 없다. 단 하나의 문명의 탄생을 위해서라도 온 우주가 140억 년 전부터 수없이 많은 미세 조정을 거쳐 만들어져 왔어야 하는 것이다. 이 논리 속에서는 광활한 우주 공간이 엄청난 낭비가 되는 것이 아니고, 우리 존재를 그만큼 귀하게 만든다. 우리는 모두 귀하다. 100만 광년 밖에 외계 문명이 있든 말든.

+

십수 년 전쯤, 미국 뉴멕시코 주 앨버커키에서 열린 학회에 초청을 받아 강연을 하러 간 적이 있다. 기억이 가물가물한데, 천문학 관련 학회가 아니고 우주 공학 관련 학회였던 것 같다. 따라서 아는 사람도 하나 없고 그야말로 심심한 학회였다. 첫날 내 강연을 마치니, 저녁마다 할 일이 없어서 호텔에 비치되어 있던 책들을 읽기 시작했다. 그해가 로스웰 사건(Roswell UFO incidence)이 일어난 지 50년 되는 해던가 그랬다. 그래서 그 책은 로스웰 사건과 그 후의 관련된 일련의 사건들을 요약하고 있었다. 로스웰 사건은 1947년 뉴멕시코 주의 로스웰에 미확인 비행체(UFO)가 추락한 사건인데, 일부 사람들이 이 비행체가 외계인을 태운 외계 비행체였다고 믿는 데서 출발한다. 나는 이 글을 읽기 전까지 외계인의 존재에 대해 별로 심각하게 생각하지 않았다. 그런데 이 책을 쓴 기자가 얼마나 글을 잘 썼던지, 글을 다 읽을 때 즈음엔 나도 '개종'을 하고 말았다. 참고로 뉴멕시코 주는 로스웰 관련 관광 상품에서 보는 재미가 쏠쏠하다고 한다. 하하.

밤하늘은 당신이 상상할 수 없는 이유 때문에 어둡다

"저별은 나의 별, 저별은 너의 별, 별빛에 물들은 밤같이 까만 눈동자. 라라라 랄라라." 대학 시절, 천문학을 전공하는 친구들끼리 함께 즐겨 부르던 노래이다. 내가 좋아하는 트윈폴리오(송창식, 윤형주)가 젊은 시절에 부른 노래던가. 밤하늘같이 까만 눈동자는 참 보기에 예쁘다. 사람은 태어날 때 다른 신체 크기에 비해 눈이 상대적으로 크게 태어난다고 한다. 그래서 어린 아기들은 작게 벌어진 눈에서 드러나는 검은자의 비율이 높아 더 사랑스럽게 보인다. 무슨 이유엔지, 개들은 강아지뿐 아니라 다 자란 개까지도 흰자보다 검은자가 많이 보이는데 그래서 그런지 참 예쁘다. 요즘 들어선 이런 점을 고려해 연예인들을 중심으로 검은자를 더 크게 보이는 콘택트렌즈를 끼기도 한다니, 역시 "밤같이 까만 눈동자"라고 노래를 부를 만하다. 그런데 왜 밤하늘은 어두울까? 이 질문은 실제로 내가 대학 4학년 우주론 강의 시간에 학생들에게 하는 질문이다.

"아이고 교수님. 그런 쉬운 질문을 하시다니 우릴 뭘로 보시나요?" 라고 하는 얼굴들이다. "그건 말할 것도 없이, 낮에는 지구의 절반이 태양을 향하고 있고 밤에는 절반이 태양과 반대 방향을 향하고 있기 때문이지요. 초등학교 때 배우는 걸요." 그렇다. 지구는 태양의 위치에 대해 하루에 한 바퀴씩 팽이처럼 자전을 한다. 그런 과정 중에 낮과 밤이 생긴다. 하지만 이 질문은 그리 단순한 질문이 아니다. 이미 수백 년에 걸쳐 케플러, 핼리 등 수많은 과학자와 심지어 세기를 앞선 시인 에드거 앨렌 포 등의 사유를 거친 이 질문은 19세기 초반 같은 질문으로 유명해진 독일의 하인리히 빌헬름 올버스의 이름을 따라 '올버스 역설'이라고 불린다. 그 질문의 요지는 다음과 같다.

물론 태양을 등지고 있는 지구의 반쪽은 밤을 겪는다. 하지만 태양의 반대쪽에도 수없이 많은 별들이 있다. 만일 우주가 무한하다고 가정하고, 그 우주 안엔 무한히 많은 별들이 고르게 분포하고 있다면, 우주는 어느 방향을 보든지 같은 밝기여야 한다는 것이다. 태양 방향에도 태양을 비롯한 무한한 수의 별이 있고, 반대쪽도 그렇다면, 그 무한한(!) 수의 별들의 밝기가 다 합쳐지면 낮과 밤이 따로 있을 수 없다. 우주가 무한히 크다는 점을 고려할 때, 그럴싸한 질문이다.

이 질문을 거꾸로 사용해, 즉 낮과 밤이 존재하는 것을 증거로, 일부 현인들은 다양한 결론을 내렸다. 우선, 우주가 무한하지 않을 수 있다. 예를 들어 우주에 별이 100개만 있다면 (물론 사실이 아니다.) 그리고 태양이 그중 가장 지구에 가까이 있다면 (이건 사실이다.) 태양이 포함되어 있는 쪽을 보는 지구면이 낮을 겪는다. 이 논리를 조금 더 사실적으로 전개하자면, 우리 은하 내에 있는 별은 모두 1000억 개 정도 되어 일반인들이 보기엔 무한대처럼 많은 것처럼 느껴지지만 사실은 꽤 유한한 숫자라서 아무래도 가까이에 있는 태양을 포함한 쪽이 낮을 야기하기에 충분한 논리 근거를 제공한다. 하지만 우리 우주에 우리 은하 말고도 수천억 개의 은하가 우주에 비교적 고르게 분포하고 있으니, 이 가정은 옳지 않다. 최근 허블 우주 망원경으로 관측한 허블 심우주(Hubble Deep Field) 자료를 보면 우리 은하와 같은 은하가 우리 은하 밖에 끝도 없이 펼쳐져 있다. 그렇다면 올버스 역설은 여전히 심각한 문제이다.

일부 과학자들은 이 문제 해결에 도움이 될 만한 새로운 사실을 발견했다. 별들 사이 우주 공간은 완전한 진공이 아니다. 그곳엔 성간 기체가 많이 존재한다. 성간 기체는 어떤 면에선 구름과도 같아서 구름이 많으면 햇빛이 잘 안 보이듯, 성간 기체가 많으면 멀리 있는 별빛은 더 심하게 어둡게 보이게 만든다. 예를 들어 밤에 가로등이 많이 있는 광화문 사거리에 내가 있다고 하자. 맑은 날이라면 시청 쪽을 보든지 광화문 쪽을 보든지 수백 개의 가로등 빛이 더해져서 눈이 꽤 부시다. 낮과 밤의 구별이 힘든 비유이다. 하지만 안개가 가득한 밤에 보면, 내게 가장 가까이 있는 가로등만 밝게 보이고 그 쪽이 다른 쪽보다 밝게 보일 것이다. 일부 과학자들은 이 사실에 입각해서, 성간 기체가 낮과 밤의 존재에 기여한다고 생각했다. 우주가 무한하더라도 성간 기체의 영향 때문에 결국 가까운 우주만 보이게 되고, 이런 경우, 제일 가까운 별인 태양이 있는 쪽이 낮이 된다는 것이다. 이것이 어느 정도 사실이긴 하지만 큰 도움이 되지는 못한다는 것이 훗날 밝혀졌다. 만일 이게 사실이었다면, 성간 기체의 영향을 거의 받지 않는 적외선으로 하늘을 보면 밤하늘이 낮 하늘과 구별이 되지 않아야 하는데 꼭 그렇지는 않았다.

어쩌면 우주는 무한히 펼쳐져 있으나, 우주의 나이가 유한해 이런 일이 벌어지는 것일 수도 있다. 조금 심한 예를 들어 우주의 나이가 1만 년밖에 안 된다면, 우주의 나이 안에 우리에게 빛이 도달할 수 있는 최대거리는 고작 1만 광년에 불과하고 이는 우리 은하 크기보다도 작은 거리의 개념이다. 그러니 우주가 무한하고 은하들이 무한히 존재한다 하더라도, 우주의 나이 하나만으로도 유한한 '보이는 우주'를 가정할 수 있고 그렇다면 올버스의 역설은 설명이 가능해진다.

이런 기상천외한 생각을 한 사람들 중엔 「검은 고양이」로 유명한 미국의 문인 에드거 앨런 포가 있었다. 포는 1848년에 발표한 산문시 「유레카」에서 그야말로 엽기적인 우주론적 견해를 제시하는데 놀랍게도 160년이 넘게 흐른 오늘날 빅뱅 이론에 입각한 우주론적 관점과 매우 유사하다. 포는 르메트르와 허블이 팽창하는 우주를 발견하기 무려 80년 전에 우주가 작은 점에서 팽창해 만들어졌을 것이라고 예측했으니, 역시 천재는 따로 있나 보다. 당시 그의 우주에 대한 견해를 일반인들이 이해 못할 것이라고 확신한 탓인지, 그는 「유레카」 마지막에, 독자들은 당장 그의 글의 가치를 매기려 하지 말고 훗날 역사가들에게 맡기라고 했다. 모두 사실로 밝혀질 것을 알고 있었던 것일까? 혹시 외계인?

우주의 나이가 유한하다는 것이 '보이는 우주'의 크기를 제한한다는 것은 올버스 역설을 이해하는 데 큰 도움을 준다. 하지만 당대의 천재 포도 과학을 제대로 공부하지 않았기 때문에 절대로 알 수 없었던 중요한 점이 있었다. 그것은 도플러 효과이다. 파동에 관한 물리 법칙 중 하나인 도플러 효과에 따르면, 빛을 포함한 모든 파동은 그 파동을 내는 물체가 상대적으로 우리로부터 멀어져 갈 땐 파장이 더 길어지고, 가까이 오면 파장이 원래보다 짧아진다. 우주의 경우엔 팽창을 하고 있으므로 많은 외부 은하에 속한 별빛은 원래 파장보다 길게 보이게 된다. 구급차가 우리로부터 멀어질 때 사이렌의 음이 낮아지는 것도 이 효과 때문이다. 따라서 '보이는 우주'의 크기는 사실 낮밤을 구별하지 못하게 할 정도로 충분히 크지만 그 안에 있는 은하 중 먼 것들은 우주 팽창에 따라 매우 빠르게 우리로부터 멀어져 가고 있기 때문에, 그 빛이 우리 눈에 보이지 않을 정도로 긴 파장을 갖게 된다. 결국, 이런 이유들이 합쳐져서 밤하늘을 어둡게 만든 것이다. 만일 우리가 하늘을 가시광선이나 적외선보다 훨씬 더 긴 파장을 가진 전파로 보게 된다면 낮과 밤의 하늘은 구별하기 힘들게 같은 밝기가 된다. 물론 과학자가 아니었던 포에겐, 그만큼의 지혜만으로도, 명예 천문학 박사 학위를 주어 마땅하다.

밤하늘이 어둡고 낮 하늘이 밝은 것에 대해 이렇게 오묘한 과학적 원리가 작용하고 있을 줄 누가 감히 상상이나 했을까? 이 글을 읽는 독자들뿐 아니라, 심지어 대부분의 과학자들에게조차도 상상의 지평 밖의 주제일 것이다. 단순해 보이는 현상 뒤에 엄청난 비밀이 있는 대표적인 예이다.

4부

나는 천문학자입니다

빅뱅 대 빅뱅

나는 아직 우리 사회가 과학 용어를 생소해 하던 1991년에 미국 유학길에 올랐다. 코네티컷 주 뉴헤이븐에 도착한 직후, 자동차 면허 시험을 보기 위해 시험장으로 가는 버스를 기다리고 있었다. 내 앞에서 보도를 쓸고 있던 마음 좋게 생긴 흑인 아저씨가 내게 물었다. 너 학생이니? 네. 뭐 공부하는데? 천문학이요. 와우. 목소리가 두 배가 되었다. 그러더니. 너 타키온에 대해서 어떻게 생각하니? 앗. 1960년대에 한참 회자되던 빛보다 빠르게 움직인다는 가상의 입자. 기억이 가물가물해 얼렁뚱땅 대답을 했더니, 다음엔 더 복잡한 질문을 던지는 것이 아닌가. 평소에 과학 서적 읽는 게 취미란다. 버스는 왜 이렇게 안 오는지. 두 시간처럼 느껴진 그 20여 분 동안 나는 땀을 꽤 많이 흘렸다. 영어가 짧아서 그랬고, 내가 업으로 하는 천문학 토론을 나 아닌 청소부 아저씨가 주도를 하는 것에 그랬다. 면허를 무사히 딴 후, 집으로 돌아오는 버스에서 두어 시간 전 일을 기억하며 나는 미국의 저력을 새삼 느꼈다. 아마도 대학 교육을 받지 않았을 보통 시민이 평소에 잠자리에서 과학 서적을 읽는다니. 당시 한국에선 내가 천문학을 한다고 하면, 알만한 분들도 점성술에 대해 질문하든지 내일 날씨를 묻기 십상이었다.

14년 만에 귀국해 얼떨떨한 심정으로 모교의 강단에 서게 되었을 때의 일이다. 「우주의 탐구」라는 1학년 전공 탐색 과목 강의를 맡았다. 내 평소의 관심을 반영하듯 그 과목은 우주에 대한 인간의 탐구 역사, 특히 현재 가장 각광을 받고 있는 우주론인 빅뱅 이론을 주로 다루었다. 앞으로 가르칠 내용에 스스로 가슴 벅차하며 학생들에게 물었다. 여러분. 빅뱅에 대해서 들어 본 적 있나요? 질문을 마치자마자 "네!" 평소와 달리 즉각적인 함성이 답이 되어 돌아왔다. 가뜩이나 쿨한 빅뱅 이론에 대해 가르칠 것을 생각하고 흥분해 있던 나는 그야말로 거의 눈물이 날 정도로 감격했다. 허허. 유학을 떠나던 때만 해도 우리나라의 일반인들이 그리 과학적이었던 것 같지는 않았는데 그 사이 정말 강산이 바뀌었구나.

그런데 그 학기가 다 지난 후 어느 날 TV에서 빅뱅이란 청년 아이돌 그룹이 나와서 펄쩍펄쩍 뛰며 노래를 하는 것이 아닌가. 매우 유명한 아이돌 그룹이란다. 앗. 그럼 한 학기 전의 우리 학생들의 함성은 혹시 우주론 빅뱅이 아닌 아이돌 빅뱅에 대한 것이었나? 만일 그렇다면 내가 학생 반응에 대한 만족감에 우쭐해하며 한 학기 동안 열정을 다해 빅뱅 이론을 강의하는 동안 학생들은 얼마나 우스꽝스럽게 느꼈을까?

이렇게 생각하고 나니 갑자기 얼굴이 빨개지는 것을 느꼈다.

사실 우리 학생들이 빅뱅 이론을 빅뱅 그룹으로 오인했다 하더라도 그게 그리 실망스러운 상황은 아니다. 언제부터인가 과학 용어가 우리 일상에 자연스레 등장하고 있다. 과학적 의미는 잘 모를지라도 상대론이란 용어는 일반인들도 사용한 지 오래고, 빅뱅, 블랙홀, 초신성(슈퍼노바), 인피니트(무한대) 등은 이미 아이돌 그룹 이름으로도 사용될 정도이다. 이렇게 과학 용어가 일상생활에 사용되는 것은 사회가 과학에 긍정적 관심을 가지고 있다는 증거이다. 한마디로 과학 용어가 쿨하게 느껴진다는 것이다. 설마 일반적으로 비호감 대상인 것을 따라 가수 이름을 짓는 일은 별로 없겠지. 송충이, 아구, 뱀장어, 말미잘. 모기. 깍깍. 내 웃음소리.

최근 일부 유럽 과학자들이 뉴트리노라는 입자가 빛보다 0.002퍼센트 더 빠르게 움직이는 것을 발견했다고 발표한 적이 있다. 현대 물리학의 근간, 아인슈타인의 특수 상대론의 기본 가정 "빛보다 빠른 물체는 없다."에 위배되는 발견이므로 만일 진실로 밝혀질 경우, 노벨상이 문제가 아니고 현대 과학에 전반적인 대수술을 요구하게 된다. 이 연구 결과를 발표한 연구자들이 다양하고 강한 반대에 부딪히자 새로운 검증을 수행 중이라고 한다. 이 기사가 국제적으로 발표된 바로 그날 우리나라에서도 9시 뉴스와 다음날 조간 신문에서 자세히 다루어졌다. 곧 만난 지인들 중 일부도 연구의 의미를 궁금해하며 내게 물었으니, 이제는 과연 우리나라도 과학 선진국이라고 자부할 수 있는 단계에 있지 않나 싶다.

+

빅뱅(big bang)이란 과학 용어는 재미있는 기원을 가지고 있다. 우주가 뜨거운 작은 점에서 시작해서 팽창을 통해 오늘날의 거대한 우주가 되었다고 처음으로 생각한 사람은 벨기에의 가톨릭 성직자이자 천문학자이며 물리학자였던 조르주 르메트르이다. 르메트르는 작고 뜨거운 초기 우주를 원시원자라고 불렀다. 이보다 조금 더 일찍 러시아의 수학자 알렉산더 프리드만은 아인슈타인의 일반 상대론 장방정식에 팽창하는 우주가 수학적 해가 될 수 있다고 증명했고, 후에 르메트르의 팽창 우주설을 결정적으로 발전시킨 것은 프리드만의 제자 조지 가모브였다. 가모브는 1940년대부터 20여 년이 넘게 팽창 우주설의 거의 유일한 주창자였다.

1949년에 당대 최고의 천문학자이자 영국 케임브리지 대학교 교수였던 프레드 호일이 자신이 진행하던 라디오 방송에서 당시 가모브를 비롯한 극히 일부 과학자들 사이에서 회자되던 팽창 우주설에 대해 소개를 했다. 원래는 가모브를 대화에 초대했으나 호일이 팽창 우주설에 대해 극히 부정적이라는 것을 이미 알고 있었던 가모브가 정중히 거절했다는 후문이다. 결국 호일은 혼자 진행한 방송에서 "요즘, 오늘의 광대한 우주가 작은 점에서 와장창하고 터진 것이라는 생각이 토의되고 있다."라고 말했다. 이때 '와장창'에 해당하는 영어는 big bang이었다. 'bang'이 탕, 꽝 등을 뜻하는 의성어이니 와장창이나 꽈광이 적절한 우리말 표현이 아닐까. 이후로 일부 짓궂은 과학자들이 팽창 우주설을 빅뱅 이론이라고 불렀다. 죽을 때까지 우주는 같은 모습을 유지한다고 믿었던 호일의 어두운 유머가 녹아 있는 용어이다.

가모브가 빅뱅 이론을 근거로 해 1948년에 예측한 우주 배경 복사가 드디어 1964년에 관측된 후 우주에 관한 한 모든 것이 바뀌었다. 빅뱅 이론은 더 이상

우스꽝스러운 이론이 아니고 가장 멋진 이론이었다. 빅뱅 이론이란 용어의 어두운 과거를 기억하는 사람들이 이를 대체할 새 용어를 공모했으나 실패했다고 한다. 오늘날 가장 멋진 과학 용어로 통하는 빅뱅의 출생의 비밀이다.

천문학, 천체물리학

천문학에 종사하는 사람의 수는 다른 기초 과학에 비해 상대적으로 적고, 또 연구 활동이 주로 국제적인 공조를 요구하는 경우가 많다. 따라서 천문학자는 해외 여행을 자주 한다. 나도 한참 에너지가 충만할 때는, 1년 중 두 달은 해외에서 생활하곤 했으니, 비행기 마일리지 올라가는 재미로 축나는 건강에 대한 염려를 누그러뜨릴 수밖에 없었다. 통상 열 시간 이상 지속되는 비행 시간 동안 지겨워서라도 옆 사람과 몇 마디 나누게 된다. 특히 미국 사람들은 순수해 옆 사람과 통성명하고 사는 이야기하기를 좋아한다. 여행을 시작할 때는 이런 대화가 반갑지만 파죽이 되어 돌아오는 귀국편 안에서는 꼭 그렇지만은 않다. 이건 비밀인데, 대화를 하고 싶을 때와 그렇지 않을 때 나를 소개하는 방법이 따로 있다.

아 예, 전 천문학을 공부합니다. 그러면 열에 아홉은, "정말요? 와우, 재미있겠네요. 궁금한 게 하나 있어요. 블랙홀이 정말 있나요? 아니 궁금한 게 더 있어요. 별이 죽으면 정말로 전체가 다이아몬드로 변하나요? 우리 우주엔 은하가 몇 개인가요? 우리 우주 밖은 뭡니까? 우주 탄생 이전에 뭐가 있었나요?" 첫 질문에 성의껏 대답을 해 준다. 과학자들은 대부분 자기 연구 세계에 대해 매우 큰 애착이 있기 때문에 대화가 진행될수록 더 흥분하고 스스로 이야기 속으로 빨려들어 간다. 이렇게 답하기 두세 시간, 기내식이 나오면 한동안 조용하다가, 식후 차나 커피를 마신 후, "아 참 그리고 태양이 언젠가는 지구를 삼키게 된다면서요?"라고 다시 시작한다. 역시 재미난 얘깃거리이다. 비행기가 착륙할 때쯤 되면, 거의 한숨도 잠을 못 자고 대여섯 시간 동안 별나라 이야기를 한 후이다. 흥겨운 시간이긴 했지만 몸이 극도로 피로를 느낀다. 뉴욕의 심리 상담가처럼 시간당 200달러씩 매긴다면, 1000달러는 받아야 하는데…….

공동 연구자들을 만나 한두 주 힘써 연구를 수행한다. 주변 사람들은 해외 여행을 자주 가는 것을 부러워한다. 하지만 자주 방문하는 파리에 가도 내가 제일 좋아하는 오르세 박물관 한번 못 가 보고, 2주 연구 여행 중에 반나절 쉰다면 그나마 극히 드문 일탈에 속한다. 귀국 편에 오를 땐 집에 빨리 가고 싶은 마음뿐이다. 귀국 편에선 여행 중 수행한 연구 결과를 리포트 형식으로 정리한다. 파일을 힐끔 엿본 옆 사람이 말을 건다. 와우, 그게 다 뭔가요, 뭘 하시는 분인가요? 나에겐 귀국 편이지만 그에겐 출국 편이었을 수도 있으니 반가운 인사는 어찌 보면 당연하다. 하지만 피곤에 지친 나는 대답한다. 예, 천체물리학자(!)입니다. 사실 내 연구는 이론적인 천체물리학에 더 가깝다. 그러면 워어 하면서 다음 질문이 없다. 난 속으로 씩 웃는다. 왠지 천체물리학을 한다고 하면 다들 이야기하고 싶어 하지 않는다. 미국에선 천체물리학은 아주 신기하고 복잡한 그래서 일반인과는 별로 말이 통하지 않는 사람들이 하는 학문으로 여겨진다. 내가 조금 쉬려고 그 인식을 이용한 것이다.

또 이런 일도 있었다. 박사 학위를 마친 후 내 첫 직장은 나사의 고더드 우주 비행 연구소였다. 다급히 집을 알아보기 위해 부동산 중개인과 여러 군데 방문하는 중에 중개인이 내가 뭐하는 사람인지를 물었다. 워낙 정신없던 중이기도 했지만 사실 그런 사적인 질문은 주법으로 금지되어 있었다. 그래서 내가 "아 예, 나사에서 일하는데 제가 무슨 일을 하는지는 보안상 자세히 설명해 드릴 수가 없네요. 어쩌죠." 그랬더니 그는 허둥지둥 손사래를 치며 "아이고 괜찮습니다, 저도 오래 살고 싶습니다."라며 질문을 멈추었다. 이야기가 더 이상의 단계로 넘어가는 것을 상호이해 속에서 멈춘 것이다.

가끔 미디어 기자의 취재 요청을 받는다. 알고 싶은 것이 있어서 문의할 땐 내가 쉬운 말로 설명해 주는 것을 좋아한다. 그렇지만 내가 너무 쉽게 설명하면 때론 실망하는 눈치다. 내가 복잡한 수식을 칠판에 쓰면서 이해 불가능한 용어를 가끔 섞어 말해야 만족스러울까? 나는 그런 허세가 싫기도 하거니와, 이미 일반인으로부터 멀어질 대로 멀어진 과학을 위해 그런 현학적인 태도는 버리려고 노력한다. "나는 천문학자입니다."라고 소개하는 일이 많으면 좋겠다.

● 천문학은 국제 공동 연구가 빈번하고, 여행은 연구의 즐거운 요소 중 하나이다. 나의 연구팀도 영국, 프랑스, 미국, 스위스 등 다양한 나라의 연구진과 공동 연구를 수행 중이다. 이 사진은 2009년 프랑스 연구팀과 리옹에서 공동 워크숍 중 잠시 휴식을 갖는 장면이다. 이제는 교육용으로만 쓰는 오래된 천문대가 뒤쪽으로 보인다. 탁자 오른쪽 끝에서부터 프랑스 측의 에이드리언 슬리즈 교수와 제레미 블레이조 교수 등이 앉아 있으며 오른쪽 맨 끝에 줄리앙 데브리앙 교수가 서 있다. 아랫줄에는 (오른쪽에서 왼쪽으로) 우리 연구팀 김태선 연구원, 필자, 정현진 박사, 서혜원 연구원, 케빈 샤윈스키 박사와 슈가타 카비라즈 박사가 해바라기를 하고 있다. 사진을 찍은 오규석 연구원은 이 사진엔 없지만 내 마음속엔 뚜렷이 존재한다.

+

매년 두 번 열리는 미국 천문 학회는 축제 그 자체이다. 미국이 워낙 큰 나라이다 보니 동쪽 끝에 있는 아이비리그 대학교들과 서쪽 끝에 있는 스탠퍼드, 칼텍 등에 흩어져 있는 학자들끼리 서로 만날 기회가 그리 많지 않다. 또한 워낙 천문학 인구도 크기 때문에 같은 분야 연구를 하지 않는 이상 친구들끼리도 서로 소문만 듣게 되기 십상이다. 미국 천문 학회는 2500여 명의 천문학자들이 한 장소에 모여서 자신의 연구 성과를 뽐내고 토론하기도 하고 그동안 못 보고 지냈던 친구들, 은사들을 만나는 유쾌한 장소이기도 하다.

그런데 일반인들이 알지 못하는 또 다른 좋은 점이 있다. 학회가 열리는 일주일 내내 다양한 전시관이 열리는데 별자리 공부할 때 쓰는 레이저 포인터 만드는 회사부터 허블 망원경을 만든 NASA에 이르기까지 수많은 기관들이 전시관을 운영한다. 학회 참가자들은 이들 전시관을 차례로 돌면서 흥미로운 개발 이야기도 듣지만 깜찍한 선물도 받는다. USB 메모리, 학용품, 책, 계산기, 그리고 다양한 망원경을 이용해서 찍은 천체 사진들 등등 끝도 없다. 심지어 선물을 담을 봉투도 인기 높은 선물이다. 선물들을 다 받아오는 데는 꼬박 일주일이 다 소모될 정도다.

요즘은 보통 맨손으로 오지만 처음 미국 천문 학회에 참가한 1990년대엔 손이 하나뿐인 것이 서러울 지경이었다. 받은 선물이 하도 많아 여행 가방에 다 넣을 수가 없었다. 애리조나 주에서 학회를 마친 후 귀경 비행기에 양손 가득 선물을 들고 타서 자리에 앉았는데 아니나 다를까 옆에 앉은 미국 아줌마가 인사를 한다. "하이. 만나서 반가워요. 그런데 이건 다 뭐죠?" 내 손에 들린 선물을 보고 눈이 반짝인다. "아. 천문 학회에서 받은 선물이요." "와우 멋지네요. 우리 아들이 천문학 광팬인데." '쳇, 애들은 다 한때 천문학 아님 공룡 광팬이지.' 생각하다가 대신, "그래요. 그럼 이것 드릴게요."라며 갖고 있던 것 중 꽤 멋진 그림을 두세 장을 줬다. 그랬더니 이 아줌마, 저쪽에 떨어져 앉아 있던 친구들에게 큰소리로 자랑을 한다. 헉, 다른 아줌마들도 자기 아이들 생각에 부러운 표정을 한다. 에라, 모르겠다. 손에 있는 선물을 모두 봉투째 그분들께 나누어 주었다. 아마 그걸 사려면 지금 시세로 수십만 원 어치는 될 것이다. 그러면서 수줍게, 그리고 아쉬운 감정을 누르며 한마디 했다. "내게도 귀하지만 아이들에겐 더 귀하겠죠." 정말 그랬을까?

나는 네가 지난 여름에 한 일을 알고 있다

한 분야에서 프로로서 20년 이상을 지내다 보면 여러 사람에게 다양한 인상을 남기게 된다. 비슷한 분야의 연구를 하는 사람들끼리는 잊을 만하면 한 번씩 국제 학회에서 다시 만나게 되는데 이렇게 잊었던 오래된 친구를 만나는 것은 학회 참여의 큰 기쁨 중 하나이다. 이렇게 만나서 지금까지 좋은 친구로 지내고 있는 학자들이 여럿 있는데 그중 대표적인 사람이 일본 국립 천문대의 테디 코다마 박사이다. 테디는 나를 만날 때마다 반가워하다가도 즉각적으로 부끄러워한다. 오늘의 일기는 그 사건에 대한 것이다.

테디하고의 첫 만남은 1995년이었다. 당시 난 미국 예일 대학교에서 박사 과정생이었는데 졸업을 1년 앞두고 그리스 크레타 섬에서 열리는 국제 학회에 참가하게 되었다. 백인이 아닌 사람이 세 사람 있었는데 동경대 박사 과정생이던 테디와 그의 지도 교수 아리모토 박사, 그리고 나였다. 두어 살 아래로 보이는 테디와 나는 쉽게 친해졌다. 당시까지만 해도 워낙 현대 천문학이 백인 중심적으로 발달해 온 터라, 동양인들끼리 만나는 일이 귀해서였을 것이다. 그렇게 만나고 헤어진 후 1년 뒤 여름, 둘 다 박사 학위를 마친 후, 우리는 오스트레일리아 캔버라에서 열린 또 다른 학회에서 만났다. 사실 아직도 서로를 잘 알지는 못하지만 꽤 친한 척 같이 다녔다.

일반적으로 천문학계의 국제 학회는 월요일부터 금요일까지 5일간 열리는데 3일째 되는 날 오후엔 머리도 식힐 겸 주변 관련 기관이나 명소를 탐방하는 기회를 가진다. 이 학회에선 30분쯤 떨어진 작은 마을 팃빈빌라를 방문하게 되었다. 그곳엔 오스트레일리아의 국립 전파 망원경이 있고 또한 자연 보호 구역이 있다. 먼저 망원경의 위용을 감상한 후, 자연 보호 구역을 방문했다. 대형 버스 두 대에 나누어 도착한 우리에게 한 시간 정도 자유 시간이 주어졌다. 나는 테디와 또 한 명의 젊은 덴마크 학자와 함께 돌아보았다. 그 넓은 지역 곳곳에 캥거루, 코알라 등 다양한 동식물이 자연 그대로의 모습으로 펼쳐져 있었다. 이런 저런 초거대 블랙홀에 대한 말도 안 되는 복잡한 내용을 토론하면서 시끄러운 오리들이 많이 있는 연못에서 한참을 떠들었나 보다. 어, 시계를 보니 버스에 돌아갈 시간이 벌써 지났는데 우리를 부른다던 나팔소리가 들리지 않는다. 주위엔 아무도 없고.

서둘러 주차장을 향해 가기로 했다. 꽤 먼 길일 텐데. 서쪽으로 가야 해. 그래 서쪽. 모두 동의했다. 그런데 어느 쪽이 서쪽이냐? 바보들아.

지금이 저녁이니, 저 하늘에 보이는 둥근 해를 향해 가면 되지 않겠니. 그래 그렇다. 그런데 갑자기 세 명의 천체물리학자에게 바보 귀신이 씌웠나 보다. 어, 그런데 여긴 오스트레일리아잖아. 남반구인데, 해가 서쪽에서 지는 게 맞냐? 갑자기 뒤통수가 띵하다. 어 그렇네. 아 그런데 저거 태양이 맞나? 너무 허연데 달 아냐 달? 어 그러네. 저게 달이면 우리가 저거 좇아가 봐야 소용없잖아. 방금 전까지 블랙홀 어쩌고 하던 한국, 일본, 덴마크를 '대표'하는 세 젊은 과학자가 하늘에 떡하니 떠 있는 천체가 해인지 달인지 싸우고, 남반구에선 해가 어느 쪽으로 지는지 싸우고 있다니. 누가 틀리고 누가 맞았는지 잘 기억이 나지 않는다. 아무래도 기억이 지워진 게 내 편리를 위한 것일 가능성이 크겠지만 어차피 뭐에 홀린 상태였으니.

옥신각신하는 중에 주차장에 도달한 우리는 모두가 이미 떠나고 우리만 남겨졌다는 것을 확인하게 되었다. 이미 만날 시간을 훌쩍 넘긴 버스가 우리를 버린 것이다. 도저히 이해가 안 간다. 우리가 조금 늦었기로서니 어찌 우릴 그런 아웃백에 격리시켜 놓고 맘 편히 돌아갈 수가 있는가 말이다. 점점 어두워지고, 도시에서 십수 킬로미터 떨어져 있는 자연 보호 구역에서 우린 야영을 할 판이다. 이젠 해인지 달인지 보이지도 않는다. 완전 포기하고 있던 그때, 지프 트럭이 하나 지나가다 멈춘다. 너네 뭐야. 이래이래 저래저래 낙오됐다고 했더니, 자기는 그 지역 담당자란다. 진한 오스트레일리아 사투리를 써서 잘 알아듣진 못했는데 화가 단단히 났다. 이게 밤엔 얼마나 위험한 지역인줄 아냐, 대부분의 동물이 야행성이라 밤에 나오고 이상한 사람을 만나면 공격할 수 있다, 여기선 비명을 질러도 듣고 와 줄 사람도 없다, 등등.

그는 우선 우리를 직원 숙소도 '끌고' 갔다. 간단히 스프를 데워 주더니 마음이 풀리나 보다. 말을 하기 시작한다. 자기는 뱀을 연구하는 연구원이란다. 명함을 보니 그도 박사다. 그곳에서 자기가 연구하는 뱀 이야기를 한참 하더니, 자기 일을 좋아하는 보통의 학자가 다 그렇듯, 입에 거품을 물고 신나서 이야기하기 시작한다. 세상에서 가장 아름다운 동물이 뱀이라는데 듣는 우리는 오싹하다. 연구동으로 가잔다. 그곳에서 그가 연구하는 각종 뱀을 구경시켜 주었다. 그리고 지프에 우리를 태우고 다니며 야간에 나오는 다양한 동물들을 보여 주었다. 그러곤 언제 그리 화가 났었냐는 듯, 우리에게 나무로 만든 열쇠고리를 하나씩 선물로 주면서, 다른 인편에 캔버라까지 차로 바래다 주는 것이 아닌가.

다음날 아무 일도 없었다는 듯 학회를 참석하고 저녁에 폐회 만찬에 가 앉아 있었다. 한참 밥 잘 먹고 분위기 좋은데 학회장이 공지가 있단다. "여러분 주목해 주세요. 이석영, 테디 코다마, 덴마크 사람(이름이 기억 안 난다.) 잠깐 일어나 보세요." 서로 다른 식탁에서 밥을 먹고 있던 우리는 어리둥절하며 슬로모션으로 일어났다. "여러분, 이 세 박사님들이 어제 팃빈빌라 자연 보호 구역에서 낙오된 분들입니다." 200명 좌중이 한 바탕 웃고, 우리는 쥐구멍을 찾고. 우린 감히 우리가 헤매고 있을 때 해와 달, 남반구와 북반구에 대해 혼동했다는 이야기는 꺼낼 수도 없었다. 그 이야기 없이도 이미 우린 '스타'였다.

그 후로 종종 테디를 만난다. 다음 달에도 만날 예정이고. 그럼 우린 씩 웃는다. 말은 필요 없다. 웃음 속에 이런 소리가 들리는 듯하다. 난 네가 지난 여름에 한 일을 알고 있다.

느린 나라
영국

영국에 1년여간 여행을 다녀온 학생에게 "그래 영국에서 느낀 바가 뭔가?" 물었더니 그 학생이 "'그렇게 살아도 되는 거였구나!'라고 느꼈습니다."라고 대답했다. 나는 그 말이 무슨 뜻인지 즉각 이해하고 큰 소리로 한바탕 웃었다. 오늘의 기억은 영국에 관한 것이다.

대학 교수에게 주어지는 큰 혜택이 하나 있다면 그것은 아마도 안식년 제도가 아닌가 싶다. 기독교의 성경에 근거를 둔 안식년 제도에 따르면, 6일을 열심히 일한 사람은 하루를 쉬고 경작에 사용된 땅도 6년 이후엔 한 해 동안 놀린다. 교수들은 6년간 일한 후 처한 상황에 따라 1년간 일상에서 벗어날 수 있는데 이를 안식년이라고 부른다. 어릴 때 학교에서 50분 동안 수업을 들으면 10분간 쉬는 것이 종일 진행되는 학업에 도움이 되듯, 전문직 일도 6년을 일하면, 1년 정도 그 일에서 거리를 두고 재충전하는 것이 긴 안목으로 도움이 된다는 취지이다. 요즘은 안식년이라는 용어가 사회적으로 반감을 불러일으키기 때문에 연구년이라는 새 이름으로 불리고 있다. 대부분의 교수들이 안식년을 통해 새로운 연구 기관을 방문해 새로운 연구를 시작하는 계기로 삼고 있으니 새 이름이 그 의미를 잘 전달한다고 볼 수 있다.

나는 첫 연구년을 내가 전에 살던 영국에서 보내기로 결정했다. 그리고 드디어 5일 전에 영국에 도착했다. 사전 조사를 많이 한 덕에, 도착 하루 만에 적당한 집을 구해 계약하고, 그럭저럭 쓸 만한 휴대 전화도 하나 마련하고, 어젠 드디어 차도 구입했다. 느낌이 좋다. 뭔가 이상하게 빠르고 매끄럽게 흘러간다. 영국답지 않게. 하지만 내 기대를 저버리지 않는 일이 드디어 벌어졌다.

새로 입주한 집엔 인터넷선이 들어와 있지만 활성화시키기 위해선 전화 회사에 알릴 필요가 있었다. 전화 회사에 전화하기 앞서, 혹시 국영 전화 회사보단 사설 TV 케이블 회사가 더 일을 빨리 할까 해 케이블 회사에 전화를 해 보았더니, 가장 빨리 할 수 있는 게 10월 24일이란다! 오늘은 9월 3일이다. 두 달 후에 사람을 보냈겠단다. 그래서 바로 전화를 끊고 다시 국영 전화 회사에 전화를 걸었다. 친절하게 모든 질문에 다 답을 해 준다. 필요한 서비스를 다 제공할 수 있단다. 그러곤 맨 마지막에 하는 말. "그럼 10월 24일에 서비스 기사를 보내겠습니다." "뭐라고요. 그렇게 오래 걸리나요?"라고 했더니 그 사람 하는 말, "아 그래도 우리 회사보다 더 빨리 일할 수 있는 회사는 없을 걸요."라며 자부심을 나타내는 투다. 이때까지만 해도 그런가 보다 했는데 그가 바로 덧붙여 말하길, "하긴 어느 회사나 다 같은 엔지니어를 쓰니 뭐 다를 수는 없지요."라고 하는 것이 아닌가? 기막혀! 나름 대도시에 속하는 이곳의 전화, 케이블 회사들이 결국 다 같은 기사를 사용하고 있다는 말이다. 전화를 끊고 내 아내에게 이 이야기를 하면서 둘이 얼마나 웃었는지 말도 못한다. 재미있기도 하고 한심하기도 하고. 내가 21세기를 살고 있는 것이 맞는가? 한국에서 만일 이런 일이 있다면 소비자보호원에 고발을 하든지 인터넷에 글을 올려 이렇게 느리게 일하는 회사들에 대해 불매 운동이라도 하지 않을까.

그러고 나서 생각해 보니, 아 영국이 이랬지 하고 기억이 나기 시작한다. 난 전에 영국에서 단 4년을 살았지만 이곳을 너무 좋아해서 영주할 생각을 하기도 했고 아니면 은퇴 후 영국으로 돌아올까를 고려하기도 했다. 하지만 그런 생각을 잠재운 것 중 하나가 영국 사람들이 사는 속도다. 분명 낭만적이긴 하지만 나한테 관련이 있을 땐 답답해서 견디기 어려웠다. 두어 가지 예를 들어 본다.

처음 영국에 왔을 때다. 일요일 아침에 길이 한가할 때 버스를 탔다. 목적지에 조금 빨리 갈 수 있겠구나 했는데 갑자기 버스 기사가 시동을 끈다. 그러더니 신문을 보기 시작한다. 내가 왜 그러냐고 물었더니, "아! 버스가 스케줄보다 2분 빨리 가고 있어서 좀 쉬고 있습니다."라고 하는 게 아닌가! 훗날 영국에서 몇 년을 더 산 후 봤더니, 영국 버스는 시간을 좀처럼 지키지도 않는다. 그런데 어쩌다 한번 스케줄보다 빨리 간다고 길에서 신문을 보며 쉬다니.

옥스퍼드 대학교 물리학과에 부임한 후 처음 참석한 교수 회의에서의 일이다. 우리 그룹은 물리학과 내에 속한 천체물리학 그룹인데,

우리 그룹이 입자물리 그룹과 함께 쓰고 있는 건물 정면에 "천체물리학 그룹"이라고 팻말을 하나 붙이면 어떻겠냐는 의견이 나왔다. 그랬더니 학과장 왈, "아 좋은 생각이오. 다른 분들 의견은 어떻소?" 다들 좋단다. 그랬더니 학과장 왈, "그럼 누구 한 분이 이 일을 맡아서 진행해 줄 수 있소? 아, 토니. 당신이 다음 회의까지 좀 알아보시오." 그리고 두 달 후에 다음 회의가 열렸다. 토니 교수 왈, "아. 학교에 문의해 봤더니, 그렇게 진행해도 문제없답니다." 학과장 왈, "그럼 다음 미팅까지 팻말 제작을 알아봐 주세요." 두 달 후 다음 미팅이 열렸다. 토니 왈, "그런데 입자물리 그룹이 자기들도 팻말을 같이 하고 싶다는데요." 학과장 왈, "그럼 학교에 다시 문의해 보세요." 그러고는 석 달 여름 방학이 되었다. 새로운 해가 시작한 후 첫 교수 회의. 학과장 왈, "토니, 팻말은 어떻게 됐소?" 토니 왈, "이제 입자물리 그룹과 상의해 봐야죠." 두 달 후, 토니 왈, "팻말 디자인을 몇 개 가지고 왔습니다." 그리고 두 달 후, "이것으로 제작하려고요." 결국 가로 40센티미터, 세로 1미터짜리 나무 팻말 하나 제작하는 데 2년이란 세월이 흘렀다. 시간이 빠르게 가는 미국에서 막 이사 온 나는 이 모든 과정을 지켜보며 진심으로 웃음을 참느라 애를 먹었다.

한번은 영국 남부 콘월 지역을 다니다가 출출해서 허름한 펍(영국 전통식 음식점 겸 주점)에 들러서 샌드위치를 하나 먹게 되었다. 모든 사람이 사용할 수 있다는 뜻인 퍼블릭 하우스(public house)에서 유래한 이름이다. '햄과 치즈 샌드위치'를 주문했더니, 정말 빵 두 쪽 사이에 딱 햄 한 장과 치즈 한 장이 있다. 내가 그렇다고 했더니, 주인이 그럼 뭐 다른 걸 바랐냐고 한다. 허허. 내가 한참 웃는 동안 주인이 의아해 한다. "상추나 토마토 정도 껴 줄 수 있지 않나요"라고 하자, 그럼 그건 '햄, 치즈, 그리고 상추와 토마토 샌드위치'가 될 거란다. 헉. 주인이 묻는다. 어디서 왔냐고. 그래서 한국 사람이라고 했더니. "아! 한국. 나 거기 가 봤어요."라고 한다. 20대 때 방황하느라, 아시아에 가서 태국에서 한 10년 이상 일하고 여기 저기 다니다 30년 만에 영국에 돌아와서 펍을 하고 있단다. 그래서 내가 "30년 만에 고향에 돌아온 느낌이 어떤가요?"라고 물었더니, "변한 게 거의 없어요. 집들은 그대로이고, 친구들은 그대로 있는데 나이만 먹었고, 다 그대로예요. 영국에선 시간이 천천히 흐르지요. 특히 동아시아에 비해선."이라고 한다.

티타임도 구경거리이다. 영국 사람들은 대부분 하루 두 번 차를 마시며 티타임을 즐긴다. 일반적으로 하루를 일찍 시작하는 노동자들은 오전 10시와 오후 3시에, 행정직원들은 10시 반과 3시 반에, 그리고 제일 늦게 하루를 시작하는 교수와 학생들은 11시와 4시에 티타임을 한다. 티타임 문화는 영국 문화의 표상이다. 내가 처음 부임했을 때 학과장과 면담을 하고 있는데 학과장이 말하다 말고 갑자기 오래된 차 자국으로 시커먼 컵을 하나 들고 일어나 걷기 시작한다. 내겐 계속 말을 하며. 그래서 따라가 봤더니 다른 교수들이 바글바글한 티타임 장소이다. 거리에서 도로 공사를 하는 인부들도 10시가 되면 일을 모두(!) 멈추고 집에서 가져온 보온병에서 차를 따라 마시든지, 심지어 버너를 사용해 불을 피워 차를 끓여 먹는다. 이 장면은 오랫동안 기억에 남을 만하다. 티타임 시간에 영국 가정집을 방문하면, 안에 사람이 있어도 나와 보지 않는다고 할 정도로 티타임의 위상이 대단하다.

그런데 이상한 게 있다. 영국은 이렇게 천천히 역사를 걷는데 아직도 선진국이다. 아침 9시에 출근해 한 시간 남짓 일하고, 30분 동안 티타임을 하고, 또 한 시간 남짓 일하고, 점심 먹고, 또 한 시간 남짓 일하고, 30분 티타임하고, 그러곤 집에 갈 준비하다가 5시에 칼같이 퇴근이다. 그런데 어떻게 아직도 선진국이냔 말이다. 1년간 영국을 여행하고 돌아온 내 학생의 질문이 바로 그것이었다. "영국에서처럼, 그렇게 살아도 되는 거였어요, 교수님? 난 그동안 왜 그렇게 바삐 살아 왔죠?"

천문학에서 많이 사용되는 유체역학에 따르면 유체의 흐름은 크게 두 가지로 나눌 수 있다. 뭐 지독히 간단히 말하자면, 비교적 천천히 움직이는 유체는 층류라고 부르고 빠르게 움직이는 유체는 와류라고 부른다. 탁자 위에 있는 깃털을 입으로 살살 불면 앞으로 천천히 움직인다. 그런데 더 빨리 움직이고자 세게 불면 깃털이 공중으로 붕 떴다가 오히려 제자리에 떨어진다. 이것이 와류의 특징이다. 빠르게 달리려고 의도하는 것이 꼭 빠른 결과를 내는 것은 아니다. 말에게 너무 채찍을 많이 치면 화가 나서 기수를 떨어뜨릴 수도 있다.

물론 내가 영국의 성공적인 오늘이 꼭 오늘의 생활 습성에 의해 설명될 수 있다고 말하는 것은 아니다. 그들의 오늘은 그들의 과거가 만들었을 것이다. 산업 혁명을 일으킨 영국이 얼마나 열심히 일했을지는 상상이 가능하다. 그 오랜 세월 동안 사회의 시스템을 합리적으로 구축해 온 것도 오늘의 영화에 기여했을 것이다. 다만, 우리도 이젠 조금 여유를 찾을 필요가 있는 것 같다. 지난 60년 동안 쉬지 않고 달려온 것은 오늘의 번영을 낳았다. 하지만 이제 숨을 고를 필요가 있다. 6년 동안 열심을 다해 일한 사람에게 1년간의 안식이 필요하듯 60년을 쉼 없이 달려온 우리 사회도 이젠 자기 성찰과 차 한 잔의 여유가 필요하

● 2012년 봄 어느 날 오후 티타임. 우리 GEM 그룹의 연구원들 중 졸린 사람은 다 내 연구실에 모였다. 영국에서 티타임하던 버릇이 계속되는 것이다. 내가 좋아하는 한 컷 만화에 따르면, 영국에선 티타임 가자는 동료의 제안을 거절하는 것은 무정부주의에 해당한다. 하하. 티타임의 절반은 잠을 깨기 위한 잡담이, 나머지 절반은 새롭고 미친 듯한 아이디어들이 채운다. 나는 이 자리에서 바로 그날 아침에 고안한 은하 병합 화석 이론의 물리적 기초를 처음으로 공개했다. 이 황당한 아이디어는 그 후 두 편의 학술지 논문으로 둔갑했다.

지 않을까?

"용감한 녀석들"같이 제안을 몇 개 해 본다. 물론 일반적인 경우에 대한 제안이다. 하루에 여덟 시간 근무면 충분하다. 그 이상 사무실에 근로자들을 가둬 두는 분위기는 장기적으로 볼 때 건설적이지 못하다. 점심 휴식을 위해서는 한 시간이 필요하다. 여름 휴가는 최소한 일 주일은 되어야 진정한 휴식의 역할을 한다. 휴가 기간은 6월부터 8월까지 중에 자유롭게 결정하고, 교육자, 종교 지도자와 같이 지혜롭고 안

목이 넓어야 하는 직종에 근무하는 경우엔 안식년 제도를 적극적으로 활용한다. 우물 밖을 나가 보지 못한 식견으로 누굴 가르치겠는가.

집에 전화도, TV도 없는 것은 참을 수 있는데 인터넷이 없는 것은 정말 힘들다. 인터넷 강국 코리아에서 와서 그럴까? 하지만 어쩌면 연구년을 마치고 귀국할 1년 후엔 이곳 방식으로 여유 있게 저녁엔 책 읽고 가족 간 대화를 많이 하는 문화를 찾을지도 모르겠다.

의롭게 산다는 것

앞선 일기 「박사가 된다는 것」에서 어떤 일들이 내가 박사가 되어 가는 과정에 기여했는지 밝힌 바 있다. 그런 과정들은 때론 나를 위협하고 때론 나를 위로했다. 그 과정 중에 다른 어른들처럼 세상을 바라보는 눈을 갖게 되었고 다양한 사건과 이슈에 대한 시각을 갖게 되었다. 그 이슈들 중 하나, 오늘 기억하고 싶은 것은 '의롭게 산다는 것'이다.

나는 운 좋게 장학금을 받으며 유학 생활을 했지만 장학금이 이미 결혼한 우리에게 적당한 삶을 보장해 주기엔 부족했다. 유학을 하고 있으니, 경제적으로 궁핍했다고 표현하는 것이 어떤 분들의 귀에는 거슬리겠지만 실제로 상황이 그랬다. 그러던 중 일이 벌어졌다. 나는 당시 집세가 낮은 곳을 찾아 연구실이 있는 작은 도시 뉴헤이븐에서 5킬로미터 떨어진 곳에 살고 있었다. 그날 저녁도, 가끔씩 싫증나면 길을 나서기 싫어하는 당나귀 같은 내 차를 몰고 퇴근길에 오르려 하는데 차를 움직이다가 옆에 있는 다른 차를 살짝 건드리고 말았다. 황급히 나가 보니, 그 차의 뒤쪽 방향 램프 하나의 껍질이 부서져 있었다. 아무 생각이 나질 않았다. 한 5분 동안 발만 동동 구르다가 나는 잽싸게 내 차에 올라 줄행랑을 쳤다. 집에 돌아온 나는 원죄를 막 깨달은 사람처럼 괴로워했다. 하지만 나는 그 일을 되돌릴 용기가 없었다. 만일 용기가 있었다면, 그 일을 바로잡는 것은 그리 어려운 일이 아니었을 것이다. 다음날 아침 그곳에 가서 커다랗게 푯말을 하나 써 붙이고, 피해자를 찾아 사죄하고 물어 주면 그만이다. 피해 금액은 기껏해야 2만원 정도에 불과했을 것이다. 그런데 가난과 죄 속에 이미 빠져 있는 나는 그런 생각을 못했다. 시간이 흐르면 나의 죄가 묽어질 줄 알았나 보다.

1년 쯤 후였을까, 하루는 친구 부모님이 오신다고 해 기꺼이 내 차로 공항까지 가서 모시고 왔는데 오는 길에 시장해 다들 삼깐 점심 식사를 하고 나왔더니, 누가 내 차의 문을 부수고 전조등을 통째로 떼어갔다. 그러고 보니 십대 청소년 두셋이 주차장을 어슬렁거리던 모습이 기억난다. 집으로 돌아와 자동차 폐차장에 가서 축구장 두 개만 한 폐차장을 뒤져 같은 차종의 구겨져 있는 차를 찾고, 온갖 실랑이 끝에 그 차의 눈을 빼며 내 차에 이식하는 동안, 내 전조등을 빼간 이들의 기술과 노고에 경의를 표한다. 350달러나 드는 이 과정 중에 내 처가 눈물을 줄줄 흘리던 게 생각난다. 내 친구는 이 일이 그의 책임이 아님에도 불구하고, 훗날 그가 미국을 먼저 떠날 때, 내게 큰돈을 봉투에 넣어서 주고 갔다. 내가 어떻게 반응할 시간도 주지 않고.

나는 내 차의 전조등을 잃은 것에 화가 났지만 화의 대상이 누가 되어야 하는지 알 수 없었다. 어쩌면 그들은 훨씬 더 무거운 삶의 짐을 지고 두려움 속에서 하루하루를 살고 있을지도 모를 일이었다. 그들이 처한 환경 때문에 어쩔 수 없이 다른 사람의 차를 탐내야 하는 상황으로 몰렸을 수도 있다. 그리고 지금 그 두 전조등을 내가 새로 사기 위해 지불해야 했던 금액에 훨씬 못 미치는 금액을 받고 팔아 어느 골목 구석에서 자신의 죄를 잊기 위해 환각제를 복용하고 있을지도 모른다. 나는 속이 상했지만 그 대상이 분명하지 않았다.

그 후로도 차에 관한 한, 나는 많은 피해를 받고 살아 왔다. 한국으로 영구 귀국한 후론 1년에 한 번 꼴로 누가 내 차에 피해를 입히고 말없이 사라졌다. 차를 고치는 데 적게는 10만 원에서 많게는 50만 원이 들었다. 하지만 나는 늘 내 원죄를 먼저 기억하게 되었다. 작은 죄를 고백하지 못하고 20년 이상 그 원죄를 가슴 속 다락방에 묻어 두고 사는 나. 어쩌면 내가 이렇게 작은 죄를 끊임없이 기억하고 되뇌고 괴로워하는 것은, 내가 그만큼 복되고 행운의 삶을 살고 있다는 것 아닐까? 누구라도 이런 원죄의 순간이 있었을 것인데, 그들이 그 괴로운 작은 죄를 잊기도 전에 또 더 큰 죄를 지을 수밖에 없는 상황으로 떨어진다면, 그런 사람들은 과연 이 죄의 늪에서 어떻게 헤어나온단 말인가.

복된 삶을 누리는 사람이 의로운 삶을 사는 것은 쉽다. 우리는 깨끗한 차를 몰고 다니면서, 하루 종일 길을 걸으며 힘든 숨을 가래침으로 길에 뱉는 휴지 줍는 할아버지를 나무란다. 한 번도 배를 곯아 본 적 없으면서, 사흘을 굶다가 시장에서 빵을 훔치다가 잡힌 우리 시대의 장발장을 보며 혀를 찬다. 자기가 소유한 다섯 채의 집 중 단 하나도 자기 힘으로 사야 할 필요가 없었으면서, 생애 처음 집 하나 장만하는 젊은 부부가 집값을 깎아 달라고 비굴한 미소를 지으면 경멸의 눈초리를 보낸다. 우리 아파트 단지에 살지 않으면서 저녁이 되면 산책을 오는 나보다 못사는 사람들이 싫다. 우리 아름다운 교정에 음식을 배달하러 들어오는 오토바이가 눈에 거슬린다. 나의 깨끗한 집을 다른 사람들이 어지를지 모르기 때문에 담을 높이 쌓는다. 복된 삶을 사는 내 자녀가 그렇지 않은 아이들과 어울리는 것이 싫어서 특수 학교를 보낸다. 사회에 범죄를 짓고 이미 죗값을 치른 사람들을 우리로부터 영원히 격리하고 싶다. 나는 마치 어떤 종류의 불행에도 면역을 가진 것처럼. 하지만 무슨 말이 내 입에서 나오기 전에 나는 내 원죄를 기억한다.

어릴 때 읽은 이솝 우화의 한 에피소드가 기억난다. 부자가 친구에게 깨끗하게 단장된 자기 집을 안팎으로 보여 주며 짐짓 자랑을 한다. 감동을 멈추지 않던 친구가 잠시 후 그 부자의 얼굴에 침을 뱉는다. 아니, 자네 이게 무슨 일인가? 미안, 갑자기 가래가 끓어서 뱉어야겠는데 이 집이 너무 깨끗해 뱉을 곳이 없고, 그나마 찾아보니 자네 얼굴이 제일 더럽기에 어쩔 수 없었네.

내가 살아 보니 의롭게 사는 게 어렵더라. 힘든 삶 속에서는 더욱 그렇더라. 내가 비교적 남에게 해 안 끼치고 사는 것처럼 느껴지면, 당당해 할 일이 아니고, 고마워할 일이다. 황공하고 감사할 일이다. 고마움에 내가 뭘 할 수 있는 게 없을까 생각해 볼 일이다. 아직 그렇게 느끼지 못하는 사람들이 많다고 느끼면 애틋한 마음을 가질 일이다.

과학과 종교

나는 기독교인이다. 날 때부터 기독교 가정에 태어났고, 나 스스로도 약간의 고민 끝에 기독교를 내 종교로 갖기로 결정했다. 돌아가신 아버지께서 교회 목사였지만 한 번도 내게 종교나 종교 활동을 강요하신 기억은 없다. 심지어 내가 어릴 때, 나는 아버지가 시무하시는 교회가 아닌 다른 교회를 다닐 정도였으니 대충 상황이 짐작이 갈 것이다. 내가 천문학자가 된 배경엔 우리 아버지가 있었다. 난 어려서부터, 당시 어린이의 절반과 함께, 과학자가 되길 꿈꿔 왔다. 그런데 어느 날 교회에서 하는 연극에 나온 동방박사라는 천문학자들에게 내 마음을 빼앗기고 말았다. 아버지의 설명을 들으니, 그들은 하늘의 별들을 연구해 우주와 신의 뜻을 알아 가는 사람이란다. 우주에 드러난 신의 표식을 제일 먼저 초신성으로부터 알아낸 동방박사들은 결국 아기 예수가 탄생하는 곳에 가장 먼저 도착해 예를 표했다고 하지 않는가. 이렇게 쿨한 직업이 있다니. 내 인생의 목표는 그때 정해졌다.

우리 아버지는 어쩌면 사이비였을지도 모른다. 오늘날 내가 주로 만나는 교회 목사들과는 뭔가 많이 달랐다. 매일 아침 식사 시간은 가족들 간 귀한 대화 시간이었는데 한번은 외계인에 대해 대화가 오갔다. 난 속으로 "아버진 외계인이 없다고 하실 거야."라고 넌지시 질문을 던졌더니, "응. 있을 걸? 난 거의 본 적도 있는 걸."이라고 하셨다. 헉. 말씀이신즉 한국 동란 때 산골 어디선가 괴비행물체가 아버지 앞에 나타났다가 사라졌다는 것이다. 그 안에 외계인이 타고 있는지는 모르겠지만 지구인이 타고 있었다면 더 신기할 만한 비행체였다니.

그리고 계획대로 난 천문학자가 되었다. 천문학의 궁극적 목표는 고갱의 그림처럼 "우리는 어디서 왔는가, 우리는 무엇인가, 우리는 어디로 가는가"를 아는 것이라고 할 수 있다. 그림의 제목치곤 거창하다. 천문학의 목표로서도 거창하다고? 무슨 신학이냐고? 절대 그렇지 않다. 천문학은 어떻게 우리 우주가 탄생했고, 그 안에서 우리 생명체는 어떻게 생겼으며, 결국 우리 생명체와 우주는 어디를 향해 가고 있는가를 연구하는 학문이다.

오늘날 천문학자들이 생각하는 우주를 기술하면 대략 다음과 같다.

- 우주는 140억 년 전쯤 (20억 년 정도의 오차가 인정된다.) 한 점으로부터 시작했다.
- 우주는 그 점으로부터 계속 팽창해 왔다.

- 별과 은하들이 우주 탄생 후 10억 년 후부터 태어나기 시작했다.
- 태양은 약 46억 년 전에 태어났다.
- 지구는 태양의 탄생 과정에서 함께 탄생했다.
- 지구라는 점에서 일어난 일들은 지구과학자들과 생물학자들에게 물어봐야 한다.
- 앞으로 50억 년쯤 지나면 태양은 크게 팽창해 지구를 거의 삼킨다.
- 이전에도 다양한 경위로 가능하겠지만 지구의 운이 극히 좋다면 이때가 지구의 종말이다.
- 우주는 앞으로 올 수백억 년 그리고 아마도 영원히 팽창할 것이다.

이 외에, 우리가 비교적 잘 이해하고 있다고 생각하는 것들이 꽤 많이 있지만 여기 기술된 것이 그 모든 것을 담는 그릇이고, 대부분 이의 없이 받아들이는 내용이다.

기독교 정신에 세워진 우리 대학교의 풋풋한 대학 새내기들을 가르치는 「우주의 이해」 강의 시간이 되면 결국 피할 수 없는 '그 질문'을 대하게 된다. 일부 학생들이 기독교인기도 해서 그렇겠지만 그렇지 않더라도, 기독교 대학에 들어온 이상, 눈에 보이는 갈등을 그냥 보아 넘길 우리 학생들이 아니다. 내가 가장 많이 받는 '그 질문'은 "교수님은 어떻게 천문학자이면서 기독교인일 수가 있나요?"이다. 어떤 학기엔 도저히 피해 갈 수 없는 질문인 줄 알기에, 내가 먼저 학기를 마칠 때 자진 신고하기도 한다. 그리고 난 이렇게 말한다.

"과학은 과학이 할 수 있는 일을 합니다. 세상에 나타난 현상들을 바탕으로 우주적인 섭리를 찾습니다. 뉴턴의 중력의 법칙이나 맥스웰의 전자기력 법칙이 대표적입니다. 그에 대한 진실을 100퍼센트 안다고 말할 수는 없지만 사건의 관측과 실험을 통해 검증하고 확인하는 과정을 끊임없이 거친 후, '법칙'이라는 칭호를 줍니다. 참고로 이제까지 가장 완벽한 중력 이론으로 인정받고 있는 일반 상대론은 아직 법칙이 아니고 이론입니다. 100년 동안의 검증을 모두 통과했지만 아직 인간의 지성이 무릎 꿇기엔 조금 이르다고 생각하나 봅니다."

"과학자들은 이렇게 비교적 알고 있다고 생각하는 법칙들을 총동원해 우주에 대한 모형을 만듭니다. 수 없이 많은 법칙들이 필요하고, 그 법칙들이 다 완벽하게 이해된 것이 아니기에, 이 모형 또한 완벽할 리는 없습니다. 그냥, 지금까지의 최선의 작품이라고 볼 수 있겠죠."

"뉴턴이 큰 스케일의 중력을 완성한 후, 이전의 동화 같은 우주론은 과학계에서 자취를 감추었습니다. 그리고 근본적으로 중력계인 우주에 대해 모형을 만드는 것이 드디어 가능해졌지요. 공간을 결정하는 것이 에너지라고 주장하는 일반 상대론의 출현 이후에 우주의 변화를 예측하는 것도 가능해졌습니다. 알 수 있다(know)기보다는 가늠할 수 있다(fathom)는 표현이 더 적합하지만."

"지금까지 우리가 알고 있는 법칙들을 총동원해 우주에 대해 가늠한 결과는 위에 요약된 바와 같습니다. 각 법칙들의 오류 한도를 사용해 그 요약 내용의 오차를 대략 계산해 낼 수는 있지만 어떤 법칙은 그 자체가 틀렸을 수도 있으므로, 그런 시도는 그리 용이하진 않습니다. 자 여기까지가 과학자가 할 수 있는 일입니다."

"어떤 과학자들은 우주에 대한 이해가 있을 수 있다는 이유로 신의 존재를 부정하기도 합니다. 최근 스티븐 호킹 박사가 쓴 책 『위대한 설계』의 내용이 바로 그런데, 저도 원서로 단번에 읽었지만 책이 처음부터 끝까지 잘 나가다가 마지막 서너 쪽을 두고, 자 이제 우주를 대략 이해할 수 있으니 신은 필요 없다고 결론짓습니다. 그가 우주를 이해하는 데 신이 필요 없는 것하고 신이 없는 것하곤 많이 다르죠. 그는 우주가 어떻게 탄생하게 되었는지에 대한 일종의 답(수학적으론 '해'라고 합니다.)을 가졌는지 모르지만 그 답이 정답인지 어떻게 압니까? 실제로 자연 현상엔 여러 개의 해가 존재하는 경우가 허다합니다. 내가 이해하는 방법을 찾았으니, 그게 진실이라고 말하는 그 대목에서 크게 실망을 했습니다. 이런 책을 쓰는 것이 요즘 큰 유행입니다. 다시 말씀드리지만 과학자들이 우주라는 문제에 대해 해를 찾은 것은 매우 고무적인 일이지만 그 자체가 신이 없다는 것을 증명하거나, 신이 우주를 만들지 않았다는 것의 증거로는 결코 쓰일 수 없습니다."

"과학에선 '오캄의 면도날'이라는 표현이 있습니다. 중세 영국의 수도사 오캄이 자주 쓴 표현이라는데 '가장 단순한 설명이 가장 아름다운 설명이다.'라는 뜻입니다. 과학자들이 보기엔 그들이 생각하는 우주가 가장 단순한 그래서 아름다운 설명을 제시한다고 말할 수는 있겠지만 가장 아름다운 설명이 옳은 설명이라는 보장은 없습니다."

"또한 과학자들이 옳은 해를 찾았다고 한들 그것이 신의 존재에 관한 부정 혹은 긍정의 증거로 사용될 수는 없습니다. 양쪽 다 얼마든지 그들의 구미에 맞는 논리 전개가 가능하지요."

"그럼 종교인들은 어떻습니까? 종교인들은 그들이 가지고 있는 경전을 바탕으로 신의 뜻을 이해하고자 합니다. 그런데 기독교의 경우엔 그 경전의 첫 번째 책(「창세기」) 첫 번째 장이 신의 우주 창조 과정에 대해 기술합니다. 그 내용이 제가 위에 요약한 과학적 이해와 대치되는 것이 이슈이지요. (이 이유로 최근에 어떤 목사님이 그의 블로그에 저의 책 『모든 사람을 위한 빅뱅 우주론 강의』를 크게 비판했더군요. 제가 반기독교적이라고.) 그러니, 이걸 바로 잡지 않고선 성경 66권이 다 신뢰성에 대한 위협에 처한다고 볼 수 있는 것입니다. 그리고 우리 학생들이 가장 궁금해 하는 것이 바로 이 점에 대한 나의 의견입니다. 뭐 내가 어떻게 생각하는가가 다른 사람들에게 중요한 것은 아니지만."

"나도 성경을 여러 번 읽었지만 성경은 참으로 위대한 책입니다. 내가 읽은 모든 책 중에 가장 위대합니다. 정말, 뭔가 신비한 비밀을 많이 품고 있다는 느낌을 받을 수 있습니다. 그런데, 성경을 구성하는 66권의 책은 저자도 다양하고 그들이 살던 시대도 다양하고, 심지어 책을 쓰는 데 사용한 언어조차도 다양합니다. 3000여 년 전에 살던 모세에게 신이 어떻게 우주 창조의 과정을 설명했을까? 그것을 모세가 어떻게 이해해 당시 사람들이 알아들을 수 있도록 썼을까? 아 그러고 보니 「창세기」는 금방 글로 쓰였다기보다는 구전으로 전해오던 것을 나중에 기록으로 남긴 것이라는데 그럼 구전은 신의 최초의 의도를 얼마나 자세히 유지했을까? 이런 의문이 듭니다."

"모든 성경은 성령의 감동을 받아 쓰였으므로 완벽하다는 성경 구절 앞에서 감히 다른 의견을 갖기 두려워하는 신학자들과 신앙인들에게 「창세기」 1장은 분명히 과학과 대치됩니다. 이 상황에서 나를 포함한 과학자들이 할 수 있는 일은 거의 없습니다. 신학이 그렇지만 과학도 사실을 놓고 홍정하지 않습니다. 다만 과학자들이 이해하는 바, 과학적 지식에도 늘 오류가 있을 수 있는 것처럼, 신학자들이 이해하는 신의 뜻에도 오류가 있을 수 있지 않을까? 신에게 오류가 있다는 것이 아니고, 그의 뜻을 귀로 혹은 마음으로 듣고, 말로 전하고, 받아 적고 하는 인간들이 실수할 수 있지 않을까 말입니다. 꼭 실수가 아니더라도, 당시 인간의 이해 범위를 고려할 때 「창세기」에처럼 그렇게 기술될 수밖에 없었던 것 아닐까 하는 말입니다. 만일 이게 아니라면, 그래서 「창세기」의 내용이 정확히 맞는 것이라면, 나는 죽은 다음에 하늘에 가서 창조에 관한 자세한 내용을 교육받게 될 것이고, 그제야 고개를 크게 끄덕일 것입니다."

"교황청의 가르침에 반기를 든 갈릴레오도 아마 독실한 신자였을 것입니다. 그가 지구가 태양을 도는 것을 알기 전에도 그렇고, 그 후에도 그럴 것입니다. 그가 우주에 대해 전 세대보다 더 자세히 안 것이 신에게 반기를 든 것이라고 보는 것이 틀린 것인 것처럼, 오늘 만일 내가 우리 교회 목사님보다 우주 탄생의 비밀을 더 자세히 알고 있다 한들 그게 그리 큰 죄가 되진 않을 것입니다. 별 의미가 있을 수도 있고 없을 수도 있는 사족을 하나 덧붙이자면, 나의 이런 '과학적 기독교 신앙'은 내가 십수 년간 살았던 미국과 영국에선 매우 보편적인 관점입니다. 왜 유독 우리나라에서만 성경이 글자 하나하나로 해석되는지 궁금할 따름입니다."

"결론적으로 난 과학자인 것이 신앙을 갖는 데 아무런 지장을 초래하지 않았습니다. 하지만 일부 사람들이 기대하는 것처럼, 우주의 신비를 자세히 아니까 신의 섭리가 더 잘 보인다는 말도 하지 않겠습니다. 내 개인적으로 그런 고백을 할 수는 있지만, 또 그렇게 하고 싶지만 난 어쩌면 과학자가 아니었더라도 비슷한 고백을 했을 수도 있고, 더욱

이 과학인들을 보편화하고 싶진 않기 때문입니다."

"과학자인 나는 알 수 있는 범위 안에 있는 우주의 신비를 밝히기에 힘씁니다. 신앙인인 나는 자연으로만은 쉽게 드러나지 않는 신의 섭리에 귀를 기울이고자 힘씁니다. 아직 그 두 나 사이에서 큰 갈등은 없습니다."

읽지 않은 책

나를 스스로 부끄럽게 만드는 것 중 하나가 아직 읽지 않은 책이다. 언젠가 궁금증을 못 이겨 돈 주고 샀을 책이 내 책꽂이에 버젓이 자리를 잡고 있은 지 수년, 혹은 수십 년. 그 옆을 지날 때마다 한숨이 나온다. 이젠 의도적으로 책들의 시선을 피하고 지나기도 한다.

나는 어릴 때 책을 별로 많이 갖지 못했다. 책벌레이셨던 우리 부모님과 달리 나는 별로 책에 큰 흥미를 느끼지 못했는데 그래도 아버지가 종일 책을 읽으시던 모습, 어머니가 어린 나를 무릎에 올려놓고 베토벤 전기를 읽어 주시던 정경 등은 잊기 힘들다. 공부하기 싫어하는 대표적인 개구쟁이로 자라던 어느 날 나는 책에 대해 눈을 뜨게 되었다. 초등학교 6학년이었다. 우리 담임 선생님께선 6학년 주임 선생님이

셔서 중학교 진학을 앞둔 2학기 동안 교실을 비우실 일이 많으셨다. 그러면서 대신 우리에게 서고 열쇠를 맡기시며 책을 읽으라고 하셨다. 지금도 알 수 없는 이유로, 서고의 열쇠가 내 손에 맡겨졌다. 그리고 그 이후는 해피엔딩이다.

초등학교 6학년 어린이들은 잠시도 가만히 있질 못한다. 남자애들은 선생님의 그림자가 사라지기도 전에 책상 위로 올라가서 슈퍼맨으로 돌변하고, 여자애들은 짹짹 수다를 떤다. "야. 책 읽고 싶은 사람, 나한테 와."라고 하는 내 목소리는 아이들의 행복한 웃음소리에 파묻힌다. 보통 때 같았으면 나도 그들과 함께 했을 텐데, 그땐 무슨 일인지, 나도 모르게 서고를 기웃거리게 되었다. 무슨 동굴에 처음 들어가는 어린이처럼. 호기심 반 두려움 반. 제일 먼저 내 팔목을 잡은 책은 아서 코난 도일이 쓴 셜록 홈즈 시리즈였다. 너무도 신기한 탐정 홈즈의 추리와 그의 친구 왓슨의 모험. 정말 꿈만 같았다. 또 괴도 루팡 시리즈. 시끄러운 아이들의 세상은 내게서 분리되고 나는 어느덧 안개가 자욱하고, 산업 혁명으로 사람의 마음과 대기가 오염된 19세기 영국의 런던 뒷골목을 배회하고 있었다.

그 후로 책을 읽는 재미가 내게서 떠나지 않았다. 중학교 땐 종로서적, 고등학교 시절엔 틈나는 대로 교보문고를 방문해 죽치고 앉아서 책을 읽곤 했다. 그런데 난 책 읽기가 무척 느리다. 재 보진 않았지만 보통 사람보다 두 배는 더 걸리는 것 같다. 내게 약간의 집중력 문제가 있는지, 지금도 책을 읽을 때 눈으로만 읽으면 내용을 빨리 이해하지 못한다. 그래서 소리는 안 내지만 입술을 움직이며 읽는다. 바로 지금도 그렇다. 나는 심지어 요즘도 가끔 아내가 다른 방에 있으면 책을 큰 소리로 읽다가 "뭐라고?"라는 내 아내 소리에 소리를 죽이곤 한다. 한번은 광화문 어딘가에 있는 작은 속독학원을 다니기도 했다. 순전히 더 많은 책을 읽고 싶어서. 나한테는 헛수고였다. 나의 경우엔 빨리 읽을수록 이해되고 습득되는 양이 현저히 줄어들었기 때문이다. 뭘 느끼고 말고 하는 것은 말할 것도 없이.

다행히 나이 차이가 많은 누나와 형을 두어, 갈수록 읽을 책들이 집에 굴러들어왔다. 두 분 다 책읽기를 즐겨 해서, 나도 다양한 눈동냥을 하게 되었다. 공부가 머리에 들어오지 않을 때면, 영락없이 그 책들을 열어 보았다. 무슨 청소년 문고와는 너무 다른, 산뜻한 책들이 나를 유혹했다. 아마 고등학교 때 읽은 책이 100여 권은 될 것이다. 대학에 와서도 내 손엔 늘 책이 있었다. 매일 서서 버스로 통학을 했지만 책을 손에 들지 않은 날은 거의 없었다. 초등학교 6학년 이후로, 하루도 책을 최소한 열 쪽이라도 읽지 않고 지나는 일은 없었을 것 같다. 대학 때, 누가 내게 물었다. "넌 책 읽을 시간이 있니?" 거기에 내 대답. "먼저 책을 조금이라도 읽고, 다른 걸 하지. 마치 밥 먹는 것처럼." 밥 먹을 시간이 없으면 죽는 것 아닌가!

이렇게 읽기를 즐겨하다 보면, 책과의 모종의 관계가 성립한다. 책들이 꼭 살아 있는 것 같다. 나는 어느 정도 경제력을 가진 이후로 거의 모든 책을 빌려 읽지 않고 사서 읽는다. 중학교 땐, 한 달 동안 용돈을 모았다가 서점에 가서 무슨 의식처럼 책을 한 권 사 왔다. 책 쓰는 이들에게 일말의 도움이라도 드리고 싶은 심정도 있지만 그보다는 책을 읽고 그 책을 책꽂이에 두고, 두고두고 바라보며 기쁨을 느끼기 때문이다. 지금의 내 아내와 연애를 하는 1년 동안 선물로 황석영의 『장길산』을

1권부터 10권까지 주었던 기억이 있다. 훗날 무슨 연애에 관한 책에서 보니, 연애할 때 절대로 하지 말아야 되는 선물이 책이란다. 난 연애에 빵점인가 보다. 그래도 결혼에 골인했으니 나름 성공했다. 하하.

어릴 때 잠시, 장차 자라서 서점 직원이 되고 싶었던 때가 있었다. 뭐 지금이 거의 그렇다. 내가 책을 빌려 읽던 우리 누님과 형님은 이제 내 책의 단골 손님이다. 다들 돋보기랑 씨름하며 고전을 면치 못하지만. 내 학생들도 내 책을 많이 빌려간다. 지금까지 잃어버린 책만 부지기수다. 책 도둑은 도둑이 아니라니 잡아들일 수도 없다. 허허. 이제 누가 꼭 빌려갈 것만 같은 책을 살 때면 아예 두 권을 사기도 한다. 이번 달에도 같은 책을 네 권이나 샀다. 믿거나 말거나.

자연스레 생명을 갖게 된 내 책들이 내게 불만을 표시하기 시작했다. 내가 돈 주고 산 책 중 일부가 아직 읽히지 않은 채 책꽂이에 꽂혀 있기 때문이다. 그들은 내가 지날 때마다, "헤이, 요!", "날 좀 보소.", "너 거기 안 서!" 등 온갖 회유와 위협을 그치지 않는다. 왜 내가 그 책들을 읽지 않을까? 책도 시간을 탄다. 이미 그 안에 있는 내용을 어느 정도 예측을 하게 되는 순간이 오면 더 이상 읽는 맛을 느낄 수 없다. 한 번 그런 생각이 들면 돌이키기가 쉽지 않다. 그래서 이젠 꼭 당장 읽을 책만 사려고 노력한다. 죄책감에서 해방되려고. 그래도 내가 요즘 들어 모차르트를 듣는 것처럼 언젠간 그 책들에게도 손길을 줄 때가 오겠지 하며 책꽂이에 유지한다. 걔네들이 날 째려본다. 밥 한번 같이 먹자고. 한동안 연락하지 못한 옛 친구같이.

천문학과
점성술

미국 유학 시절, 내가 살던 동네의 생선 가게의 주인은 한국분이었다. 나는 고등어를 좋아했는데 그걸 아시는 맘씨 좋은 사장님께서 물 좋은 고등어가 들어오면 전화를 주시곤 했다. 그날도 전화를 받고, 특식을 기대하며 생선 가게로 향했다. 백인들은 대구나 참치같이 손질을 할 필요가 거의 없는 큰 생선들을 즐겨 먹지만 동양인들은 주로 꽁치, 고등어 같은 작은 생선을 먹는다. 아마도 큰 생선은 너무 비싸서 그렇게 시작되지 않았나 생각된다. 하지만 훗날 나와 함께 꽁치를 먹어 본 미국 친구들은 모두 그 맛에 찬탄을 하곤 했다. 왜 자기들이 그런 생선을 안 먹는지 궁금해 하더라. 어디 대구가 꽁치의 얕은 맛을. 내 차례를 기다리며 줄을 서 있는데 늘 그렇듯, 내 뒤에 서 있던 친절한 미국 아저씨가 말을 건넨다. "헤이. 워썹. 너 뭐하는 애니?" "학생이에요", "뭐 공부하는데?", "천문학이요", "아 그래, 그럼 나 로또 당첨되게 번호 하나만 골라 다오. 낄낄." 농담인줄 알면서도 짜증난 내 얼굴이 울그락불그락해진다.

따지고 보면 나는 점성술가가 되기 위해 천문학을 시작했다. 어릴 때 교회에서 크리스마스 연극을 보았는데 거기 나오는 동방박사가 멋져 보였다. 당시 이스라엘에서 태어난 예수의 탄생은 이스라엘로부터 동쪽에 있는 나라에 있던 박사들이 하늘의 별들을 보며 처음 알게 되었단다. 페르시아(오늘날의 이란)에서 온 멜키오르, 인도에서 온 카스파르, 그리고 아랍(아마도 오늘날의 사우디아라비아)에서 온 발타자르가 추측되는 그들의 이름이다. 그 동방박사들은 당시 각국의 과학지존이자 천문학자라고 여겨지곤 하는데 오늘날의 과학의 기준으로 본다면 어쩌면 점성술가에 더 가까울지도 모를 일이다.

내가 천문학 공부를 시작한 1980년대만 해도 일반인에게 천문학이란 학문은 생소했다. 하늘, 우주, 이런 것과 관련이 된다는 것 정도는 알았겠지만 그 이상은 불확실했다. 내가 천문학을 전공하기 위해 대학을 들어간다고 했더니, 친척 아저씨 한 분은 "야 너 정말 현명한 결정을 했구나. 미래엔 날씨를 정확히 맞추는 게 크게 쓸모 있을 거야."라며 칭찬하셨다. "아저씨, 그건 기상학이고요, 제가 하려는 것은 천문학이에요. 별과 은하, 우주, 이런 것 공부하는 거요."라고 하면, "그게 그거지 뭐?"라고 하신다.

대학 내내, 새로운 친구들을 만날 때마다 천문학이 뭔지 설명하기 위해 노력했다. 우리 학과는 매년 천문 사진전을 열어 놀라운 우주의 사진들을 일반인에게 공개하곤 했는데 그럴 때면 나도 참가해 열을 다해 설명을 하곤 했다.

"이건 말머리성운인데요. 오리온자리에 있는 별 탄생 지역이에요. 아니요. 오리온 과자 회사 말고, 하늘에 있는 오리온 별자리요. 여기에선 수천, 수만 개의 별들이 탄생하고 있는데요, 그중 큰 별은 태양보다 100배나 더 크대요. 그리고 이 말머리 모양은 그 별들 앞에 있는 차가운 분자 구름이에요. 하늘에 떠 있는 구름 말고요, 우주 공간에 있는 성간 기체말예요. 두꺼운 구름이 밝은 별을 가리니 검게 보이는 거죠. 이런 구름 속에서 별이 탄생하고 있겠죠. 아, 그리고 이건 처녀자리 은하단인데요, 그 거리가 가만 있자, 대략 5000만 광년쯤 돼요. 빛의 속도로 날아간다고 하면 5000만 년 걸리는 거리에 있다는 뜻이죠. 그러니 현재 우리가 보고 있는 이 은하들의 모습은 오늘날의 모습이 아니고 5000만 년 전의 모습입니다. 지금은 전혀 다른 모습을 하고 있을지도 모르죠."

그러면 방문객들은 여지없이, "뭐라고? 말도 안 돼. 5000만 년 전엔 우리는 없었는데 …… 과거의 모습을 본다는 게 뭐예요?"라고 되묻기 일쑤이다. 그러면 답답한 마음 반, 우쭐한 마음 반으로 천문학자들이 어떻게 시간과 공간을 뛰어넘어 연구를 하는지를 침튀겨 가며 설명하곤 했다.

누구나 그렇겠지만 천문학을 하는 사람들도 공통적인 자긍심을 느끼는 것이 있다. 사실, 천문학은 세상 사람들이 하루하루 살아가는 데 별로 큰 도움이 되는 학문은 아니다. 천문학은 천'문학'으로서 일종의 문학 같은 성질을 가진다. 실생활하고 직접적으로 관련이 안 되는 것

같으면서도 결국 인간에게 철학을 갖게 만든다. 많은 부분 사유의 학문인 것이다. 우리가 느끼는 자부심은 또 그 관점의 스케일에 있다. 대부분의 사람들이 100킬로미터 내를 자기와 상관있는 세상이라고 생각할 때, 우리는 100억 광년 멀리 떨어진 은하의 탄생을 논한다. 보통 사람들은 자연과 인간이 별로 그렇게 엮어 있지 않다고 생각할 때, 우리는 우리 몸을 구성하는 원자 하나마다 다 우주에 기원을 두고 있다는 것을 알고 있다. 대부분의 사람들에게 아름다운 유성우의 원인으로 느껴지는 소행성의 방문이 우리 천문학자들에겐 공룡을 멸종시킨, 그리고 인류도 마무리 지을 수 있는 위협의 가능성으로 인식된다. 이런 의미에서 오늘날의 천문학자들이 가지는 긍지는 2000년 전 점성술가들이 가졌던 긍지와 크게 다르지 않다. 둘 다 자연을 통해 삶을 이해하고자 한다.

내게 로또 번호를 골라 달라는 아저씨에 말에 당황해 하는 나를 구해 준 사람이 있다. 내가 뭘 어떻게 해야 하는지 모르고 있던 그때에, 카운터에서 아르바이트를 하고 있는 외국인 유학생이 큰 소리로 이렇게 말했다.

"어이. 아저씨. 그런 질문은 나한테 하셔야지요. 내가 수학 전공이거든요. 껄껄."

그 학생이 나보다 훨씬 큰 아량을 가지고 있었다. 하긴 천문학에서 제일 큰 숫자도 수학의 무한대보단 작으니 그럴 수밖에.

천문학이 살아남는 이유

종종 꿈나무들에게서 문의 메일을 받는다. 내용은 주로 이렇다.

"교수님. 저는 천문학이 너무 좋은데용, 친구들과 부모님이 그거 하면 굶어죽는다고 다른 거 하래요. 정말 굶어 죽나용?"

하하. 그게 사실이면 나도 죽었을 텐데, 어떻게 답을 보내나. 웃음. 오늘은 천문학이 살아남는 이유를 생각해 보자.

내가 미국에서 박사 학위 과정 유학을 하고 있을 때였다. 하루는 나보다 한 해 후배고 나와 같은 지역에 살고 있는 다른 학생과 함께 퇴근을 했다. 그의 이름은 빌 셰리였는데 전형적인 순진한 미국인이다. 같이 걷는 중에 내가 이런 말을 했다.

"빌. 나는 천문학을 하는 게 정말 행복해. 내가 좋아하는 것을 하면서 월급도 받고. 그런데 먹을 것이 없어서 힘들게 사는 아프리카의 나라들을 보면, 국가가 돈을 들여 이런 연구를 하는 게 조금 미안할 때도 있어. 인류 경제가 극한으로 나빠진다면 제일 먼저 없어질 학문이 천문학이겠지?"

내 말에 빌이 갑자기 걸음을 멈춘다. 그의 눈이 두 배가 되었다.

"난 그렇게 생각 안 해. 우주는 인류가 먹을 것이 없어서 기진맥진해 누워서 굶어 죽어 가는 중에도 하늘을 보며 마지막으로 궁금해 할 대상이야. 그러니 천문학이 가장 먼저 시작된 학문이기도 하지만 가장 오래 남을 것이기도 하지."

나보다 두어 살 어린 빌의 대답에 내가 갑자기 부끄러워졌다. 나 혼자 직업에 대한 긍지를 갖지 못하고 있는 것이 들킨 것 같아서.

이 말이 사실인지는 몰라도 천문학이 학문으로 오랜 세월 명맥을 유지할 뿐 아니라 날로 성장해 온 데는 그만한 이유가 있다. 바로 마니아들이다. 벌써 2000년도 전에, 대부분 사람들이 편평한 지구에서 살고 있을 때, 알렉산드리아의 에라토스테네스는 막대기의 그림자의 길이가 지역에 따라 다른 것을 이용해 지구가 공 모양임을 밝혔고 그가 측정한 지구의 지름도 오늘날의 정밀한 값에 비해 16퍼센트 정도의 오차가 있었을 뿐이다. 사람들이 모두 깜짝 놀라며 칭찬했을까? 하하. 천만의 말씀. 1500년이 지날 때까지, 사람들은 그를 무시했다. 그러면 그가 매우 슬펐을까? 천만에. 그는 그냥 흥미로운 것을 연구했고, 무지한 사람들이 이해 못하는 것을 이해 못했을 것이다. 이런 일은 목성의 위성을 발견한 갈릴레이에게도 벌어졌고, 시간과 공간이 서로 엮여 있음을 깨달은 아인슈타인, 우주의 팽창을 처음 인지한 르메트르, 암흑 물질의 존재를 알아챈 츠위키 등 수많은 과학자들에 공통적으로 나타난 현상이다.

이런 마니아층은 사실 생각보다 훨씬 두텁다. 천문학을 전공하는 학자들 말고도, 그들의 연구 결과에 귀 기울이고 종종 하늘을 궁금한 마음으로 올려다보는 아마추어 천문인 또한 그 수가 천문학자보다 수십에서 수백 배에 달한다. 그들은 천문학자들이 수행하기 어려운 일을 해 실제 연구에 기여하기도 하는데 하늘을 잘게 쪼개 매일 밤 돌아가며 관측을 해 수없이 많은 소행성을 추적함으로써 소행성 충돌의 위협으로부터 지구를 지키는 독수리 오형제 역할을 하기도 하고, 초신성을 새로 발견해 암흑 에너지 연구에 기여하기도 한다. 조금 미안한 말이지만 오해 말고 들어 주시라. 아마추어 물리학자란 말 들어 봤나? 아마추어 기계공학자, 아마추어 불문학자?

아마추어 천문인이라는 이름표도 달고 있지 않지만 천문학자나 아마추어 천문인보다도 더 정열을 가진 사람들도 있다. 내가 한국에서 석사 학위를 위해 대학원에 있을 때였다. 당시, 교육 대학원에 다니고 있던 과학 교사들이 몇 분 석사 학위 논문을 위해 우리 학과에 와서 학과 건물 옥상에 있는 구경 40센티미터 망원경을 사용해 관측을 하곤 했다. 그중 한 분을 잊을 수가 없다. 그분은 일주일에 하루 정도 관측하러 올 때마다 30분 일찍 와서 우리가 사용하는 연구실을 청소하곤 했다. 때론 빗자루를 들고 때론 대걸레를 들고. 우리가 아무리 말려도 소용이 없었다.

"나야 이러저러해 다른 일을 하고 있지만 자연의 근원적인 신비를 인류의 이름으로 풀고 있는 대학원 학생들이야말로 지원이 많이 필요하지요. 우주의 비밀을 푸는 데 도움이 된다면 까짓 연구실 청소쯤이야 어디 내세울 거리나 되나요."

하루는 그 선생님이 화가 잔뜩 나 있었다. 그 이유가 기가 막힌다. 당시 MBC에는 한 시대를 풍미한 일요일 아침 드라마 「한 지붕 세 가족」이 있었다. 내가 좋아하는 연기자 강남길이 착하지만 어리바리한 백수, 봉수로 나온다. 그런데 극중 그는 현세 대학교 천문기상학과를 졸업하고 놀고 있다. 평소에 이 내용에 대해 크게 분을 품고 있던 이 선생님은 그날 도저히 더 이상 참지를 못하고 방송국에 전화를 했단다.

"거기 엠비시죠? 아니, 기초 과학을 공부하는 것을 멋지게 그려서 국민들에게 좋은 이미지를 전달해야 할 방송국이 거꾸로 이렇게 명예를 더럽혀도 되는 겁니까? 현세 대학교라고 하면 연세 대학교인지 만인이 다 알고, 천문기상학과라고 실명까지 드러냈으니, 이건 너무한 것 아닌가요?"

분이 아직 가시지 않은 듯 순진한 우리 선생님, 호흡이 거칠다. 그 이야기를 묵묵히 듣고 있던 우리 대학원생들은 모두 말을 잃었다. 웃을 일인가 울 일인가. 흠. 어. 우리가 불쌍한 사람들인가 봐. 사람들이 우릴 한심하게 생각하고 있나 봐. 우린 재미있는데. 살 만한데. 듣고 보니 화가 조금 나지만 그래도 이게 좋은데. 여하튼 그 일로 우린 우리가 (무슨 이유에든) 조금 불쌍한 사람이란 생각에 슬퍼지기도 했지만 이 선생님처럼 지원군이 있다는 생각에 기쁨이 훨씬 더 컸다.

《뉴욕 타임스》 같은 세계적인 신문은 말할 것도 없고, 요즘은 우리나라의 일간지도 종종 천문학 관련 기사를 싣는다. 과학 전문 기자가 적으니 그 내용은 상당히 빈약하고 주로 멋진 사진 위주이기는 해도 천문학 기사가 나오는 빈도가 꽤 높다. 고마운 일이다. 똑같은 연구 결과를 소개하더라도, 상대론 어쩌고 하는 기사는 자세히 읽지 않는 독자들이 블랙홀 어쩌고 하면 읽게 되나 보다. 이런 기사들만 읽고 스크랩하는 사람들도 있다. 나는 아직, 내가 천문학자임을 밝혔을 때 신기해하며 질문 한둘 정도 내놓지 않는 사람을 만난 적이 없다. 그만큼 마니아층도 넓은 것이 틀림없다. 어쩌면 한 지붕 세 가족의 설정도 이를 반영한 것이 아닐까?

우리 천문학을 전공하는 사람들도 물론 현실을 무시할 순 없다. 특히 학부 때, 많은 학생들이 고민하는 내용이다. 그런데 그들 중, 유독 그런 상황을 등진 채 연구에만 전념하는 이들이 있다. 그런 사람들이 대학원에 가고 박사가 된다. 이렇게 이미 박사가 된 천문학자들에게 앞서 소개한 꿈나무들의 질문은 당황스럽기만 하다.

"어. 어떻게 먹고 사냐고? 그런 것 생각해 본 적 없는데 ……."

믿거나 말거나, 내 주위엔 이런 사람들 천지다. 하하.

초신성의 후예

1판 1쇄 펴냄 2014년 5월 30일
1판 8쇄 펴냄 2022년 12월 15일

지은이 이석영
펴낸이 박상준
펴낸곳 (주)사이언스북스
출판등록 1997. 3. 24.(제16-1444호)
(06027) 서울특별시 강남구 도산대로1길 62
대표전화 515-2000, 팩시밀리 515-2007
편집부 517-4263, 팩시밀리 514-2329
www.sciencebooks.co.kr

ISBN 978-89-8371-657-6 03440